Mastercam数控加工完全自学丛书

Mastercam 2022三轴造型及数控编程入门到提高

俞宙丰 编 著

机 械 工 业 出 版 社

本书基于 Mastercam 2022 软件的数控编程模块，分别从设计和加工两个方面介绍 Mastercam 软件的使用方法和技巧：设计方面从 2D 线框出发，详细讲解草图各命令的基础使用方法、实体造型以及模型修改；加工方面从传统的线框刀路编程，讲到当下比较流行的高速加工编程。本书所讲解的内容都是数控技术人员日常工作中能用到的，全书通过命令配合实例的讲解方法，可帮助读者迅速掌握知识要点和技能。

为了满足读者需求，本书提供书中实例源文件（通过手机扫描前言的二维码下载），同时提供大量讲解视频（通过手机扫描书中相应二维码观看），可帮助读者更直观地学习。

本书可以作为数控技术专业学生的入门学习教材，也可作为机械加工车间从业人员的自学教材。

图书在版编目（CIP）数据

Mastercam 2022三轴造型及数控编程入门到提高/俞宙丰编著．—北京：机械工业出版社，2023.7

（Mastercam数控加工完全自学丛书）

ISBN 978-7-111-73304-1

Ⅰ．①M…　Ⅱ．①俞…　Ⅲ．①数控机床-加工-计算机辅助设计-应用软件　Ⅳ．①TG659-39

中国国家版本馆CIP数据核字（2023）第101284号

机械工业出版社（北京市百万庄大街22号　邮政编码100037）
策划编辑：周国萍　　　　　责任编辑：周国萍　刘本明
责任校对：宋　安　李　杉　封面设计：马精明
责任印制：邓　博
天津嘉恒印务有限公司印刷
2023 年 7 月第 1 版第 1 次印刷
184mm×260mm · 15.75印张 · 365千字
标准书号：ISBN 978-7-111-73304-1
定价：59.00元

电话服务　　　　　　　　　网络服务
客服电话：010-88361066　　机 工 官 网：www.cmpbook.com
　　　　　010-88379833　　机 工 官 博：weibo.com/cmp1952
　　　　　010-68326294　　金 书 网：www.golden-book.com
封底无防伪标均为盗版　　机工教育服务网：www.cmpedu.com

前　　言

Mastercam 软件是美国 CNC Software 公司开发的一款 CAD/CAM 软件，利用这款软件，可以帮助用户解决产品从设计到制造全过程的问题。由于其诞生早且功能优，特别是在 CNC 编程方面快捷方便，因此成为全球制造业广泛采用的 CAM 软件之一，并且下载量常年位居第一。Mastercam 软件主要用于机械、电子、汽车、航空等领域的研发制造。

本书主要分为两大部分：第一部分详细介绍 Mastercam 2022 版的 CAD 功能（第 1 ～ 3 章），主要包括二维图形的绘制、三维图形的绘制、模型文件的修改和编辑等内容；第二部分详细介绍 CAM 功能的基础知识（第 4 ～ 10 章），主要包括二维线框图形编程、三维曲面编程注意事项以及高速刀路的编程方法和技巧等内容，以及产品的完整加工编程步骤。

理论结合实际是本书的主要特点，编著者本人从事机械加工 15 年，有丰富的 Mastercam 软件编程经验和教学经验。本书所有知识点均是从实际加工中摘取出来，可以做到随学随用。

为了配合广大读者学习，随书提供书中实例源文件（通过手机扫描下方的二维码下载），同时提供大量讲解视频（通过手机扫描书中相应二维码观看）。

为便于一线读者学习使用，书中一些名词术语按行业使用习惯呈现，未全按国家标准统一，敬请谅解。

本书可以作为数控技术专业学生的入门学习教材，也可作为机械加工车间从业人员的自学教材。

编著者

目　　录

第❶章 Mastercam 2022编程软件选项卡介绍 >>>

1.1 软件工作环境界面

当启动 Mastercam 2022 时，会出现图 1-1 所示的工作环境界面，一般情况下刀路编辑管理器和绘图区都是空的。

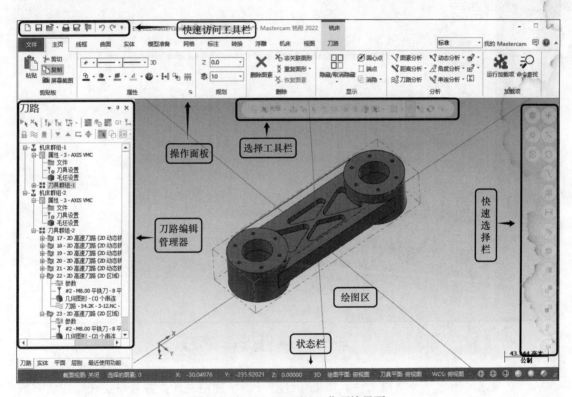

图 1-1 Mastercam 2022工作环境界面

读者可以选择线框或者实体进行绘图，也可以直接将客户的三维数字化模型拖进绘图区进行图形编辑或者编程。

生成程序的具体步骤是：图档准备好后，单击"机床"选项卡创建"铣床"，然后刀路编辑管理器就随之生成，以方便用户编程。程序编好以后，单击刀路编辑管理器上方的"G1"按钮，选择后处理生成 NC 代码程序，保存好后用 U 盘 /CF 卡（也可用数据线）传给机床使用。

下面介绍常用选项卡的必备知识。

1.2 "文件"选项卡

"文件"选项卡包含"信息""新建""打开""打开编辑""合并""保存""另存为""部分保存""Zip2Go""转换""打印""帮助""社区""配置"和"选项"等，如图 1-2 所示。由于篇幅限制，本书只针对编程员需要用到的内容做讲解。

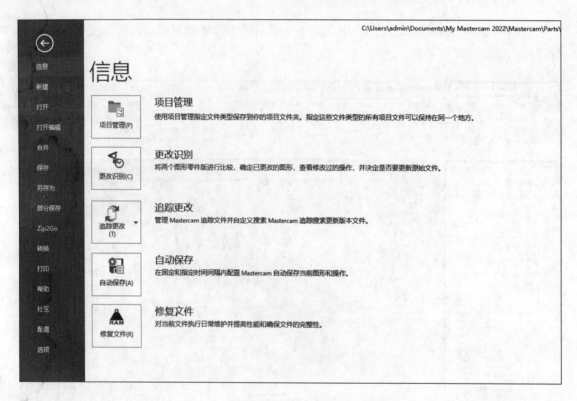

图 1-2 "文件"选项卡

（1）新建 新建一个空白文件。如果已经打开一个图档文件，并且是正在绘图状态或者已经是有刀路的状态，那切记新建的时候一定要注意保存正在操作的内容，千万要保存好，因为一不小心就会点错，导致当前有用的图档没了。

（2）打开 打开计算机里已经有的图档，可以直接打开最近打开的文件，也可以选择浏览按钮通过计算机路径找到图档打开编辑。

（3）合并 这个合并功能非常好用，编著者在做夹具设计和四轴编程时每次必用。合并常用在导入夹具上。具体操作：图 1-3 是工件，图 1-4 是夹具，图 1-5 是四轴机床的桥板。可以通过"合并"将图 1-4 和图 1-5 与图 1-3 的工件整合到一个图档里面（图 1-6），以方便编程和模拟。

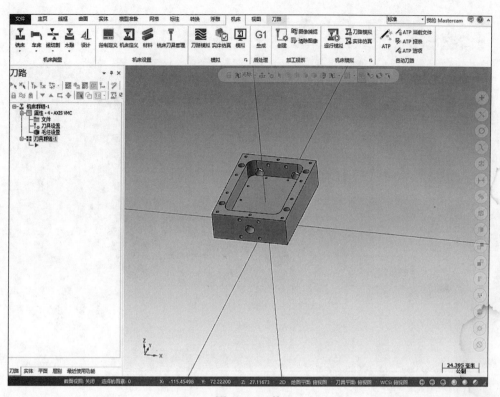

图 1-3　工件

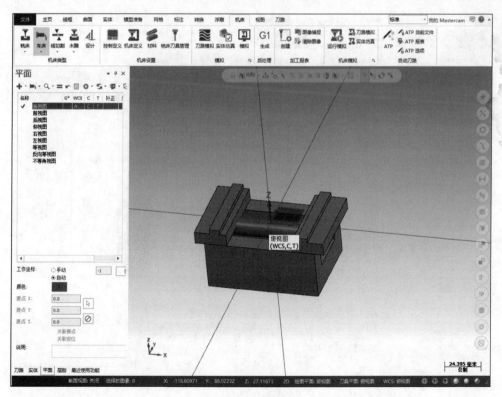

图 1-4　夹具

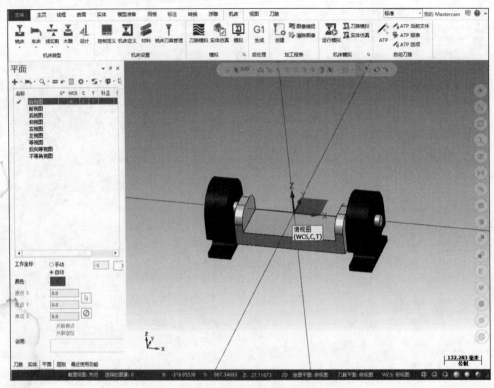

图 1-5　四轴机床桥板

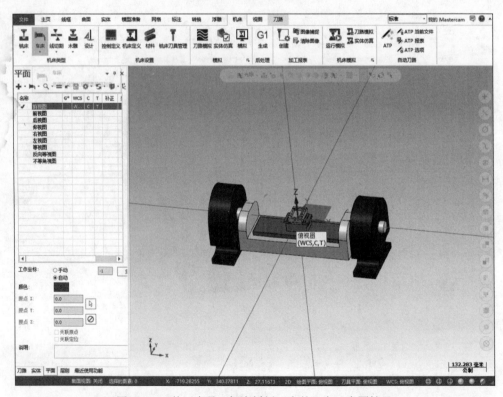

图 1-6　工件、夹具、机床桥板"合并"在一个图档里

可以把常用的辅助图档（夹具、工装、螺栓、压板等）分开保存在一个文件夹里。需要用哪个就"合并"哪个。比如图 1-6 所示的四轴机床的桥板设置，或者三轴编程里需要导入一个平口钳用来模拟等。

（4）保存、另存为、部分保存　"保存"和"另存为"的意思分别是将图档保存到当前文件夹和另存到指定文件夹，这两个功能是把图档里面的内容全部保存。"部分保存"是将单独选择的图档元素进行另存为的保存。比如图 1-6 中有很多图素，想要单独保存工件这个图素，就单击"文件"—"部分保存"，单击工件，然后选择一个存放的文件夹即可。

（5）转换　在转换里常用到的是第一个选项"迁移向导"。这是可以将之前所用的机床文件以及模板和后处理等都一并升级的功能。比如现在用的是 2021 版本里面的刀具库、刀路模板、修改好的后处理，若使用 2022 版本的软件编程，就可以用这个功能进行升级。注意：只能一级一级来，想从 2017 一下升级到 2022 是不可以的。

（6）配置　如图 1-7 所示，需要把系统配置打开，找到里面的"启动/退出"，然后将"编辑器"由"Mastercam"改为"CIMCO"，就是我们通常所说的"西莫科"。西莫科软件可以直接模拟刀路，而 Mastercam 软件自带的模拟仿真编辑器无法看到刀路。前提是计算机里已经安装了西莫科软件。本书所带的素材里面包含西莫科 CIMCO Edit 8 的安装包，如果安装不上，那可能是因为计算机系统版本较高，可以重新安装更高版本的西莫科来配合。

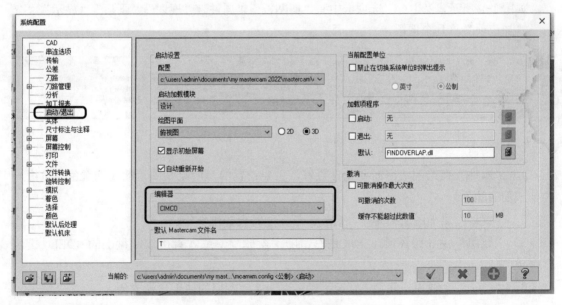

图 1-7　西莫科软件替换

如果打开图档，将光标移动到工件上，工件看起来模模糊糊、朦朦胧胧的，那一定要在"系统配置"对话框中将"自动高亮""使用辉光高亮显示"两处勾取消，如图 1-8所示。

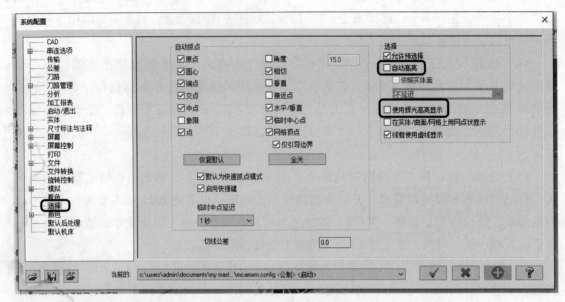

图1-8　去除模糊显示

1.3 "主页"选项卡

如图1-9所示，"主页"选项卡中有"剪贴板""属性""规划""删除""显示""分析""加载项"这几个选项。

图1-9　"主页"选项卡

1）"属性"在绘图之前需要先设置好，主要设置的是所绘制图素的线框颜色、宽度、实体或面的颜色。

2）"规划"属于图层的操作，后续讲解图层时会详细介绍。

3）"删除"用在绘图时，一般是右击随手就删除，或者直接按键盘上的 <DEL> 键，这样更方便。

4）"显示"主要用于隐藏 / 显示图素，该功能使图层的使用更加方便。

5）"分析"命令几乎都用得上。值得一提的是，第一个"图素分析"其快捷键是 <F4>（查看图素属性）。这个功能不但可以查看图素的属性，还可以更改属性，如图1-10所示。如果图素是一条直线，可以对角度进行更改，这广泛应用于多轴编程里刀轴控制线的设置。

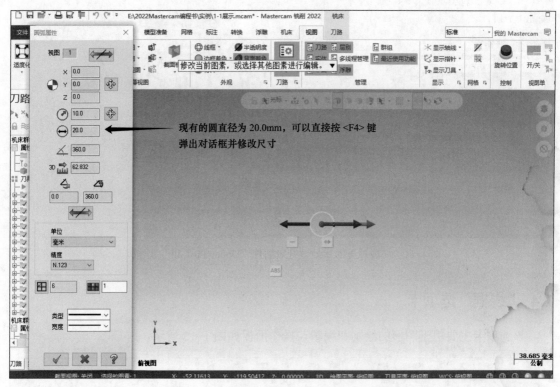

图 1-10　单击图素然后按 <F4> 键弹出对话框更改

6）"加载项"中有一个"运行加载项"命令，快捷键是 <ALT+C>，按住之后能进入加载项的文件夹，其中"UpdatePost.dll"这个命令是用来升级后处理的，如图 1-11 所示。

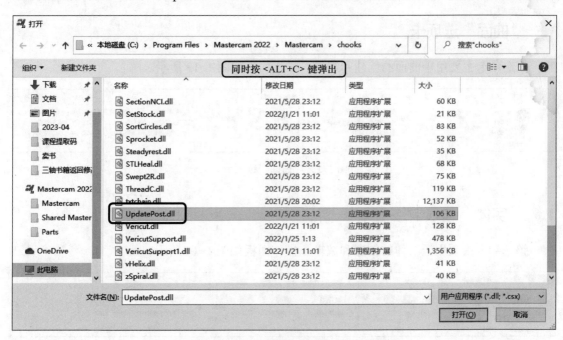

图 1-11　加载项里的后处理升级插件"UpdatePost.dll"

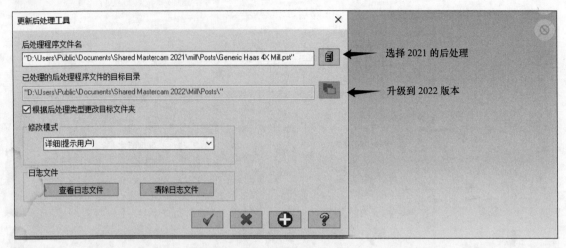

图 1-11　加载项里的后处理升级插件"UpdatePost.dll"（续）

1.4　"线框"选项卡

该选项卡主要用于图形的绘制和编辑，操作面板如图 1-12 所示。

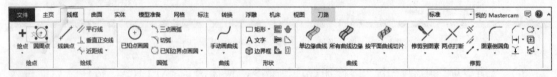

图 1-12　"线框"选项卡

1.5　"曲面"选项卡

该选项卡主要用于曲面的创建和编辑，操作面板如图 1-13 所示。

图 1-13　"曲面"选项卡

1.6　"实体"选项卡

该选项卡主要用于实体的创建和编辑，操作面板如图 1-14 所示。

图 1-14　"实体"选项卡

1.7　"模型准备"选项卡

该选项卡主要用于实体模型的修改，操作面板如图 1-15 所示。

图 1-15　"模型准备"选项卡

1.8　"标注"选项卡

该选项卡主要用于图形尺寸的标注和注释，操作面板如图 1-16 所示，一般用"尺寸标注"里的命令对产品的水平、垂直、平行，角度和直径或半径的尺寸进行标注，其他命令可以不用学习。

图 1-16　"标注"选项卡

1.9　"转换"选项卡

该选项卡主要用于图形的移动、镜像、旋转、缩放等操作，操作面板如图 1-17 所示。

图 1-17　"转换"选项卡

1.10　工具栏选项

该选项主要在视图区左边，一般由"刀路""实体""平面""最近使用功能""层别"组成，如图 1-18 所示。

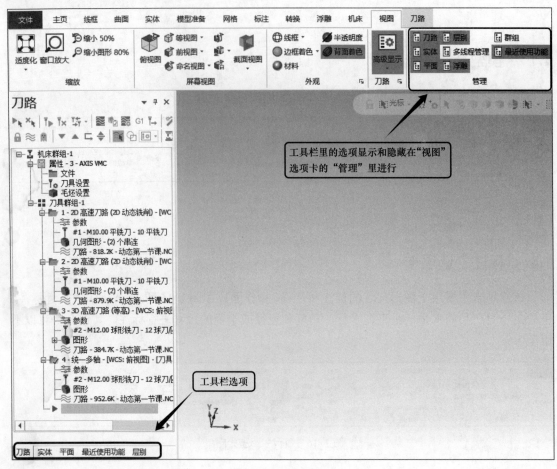

图 1-18　工具栏选项

以上内容在后续各实操命令讲解中会详细介绍。

第❷章　草图绘制

2.1　草图绘制里常用的命令

客观讲 Mastercam 软件的造型功能不是太强，但是对于编程工作来说足够了（编程员的工作职责是出工艺、出程序、绘制配套夹具等），软件绘图里面有太多功能，本书只对实用性比较强的一些功能做讲解。具体为：图 2-1 中全部学、图 2-2 中线框内需要学、图 2-3 中方框内需要学。后续课程会详细讲解。

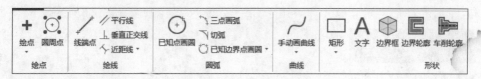

图 2-1　全部要学习的功能

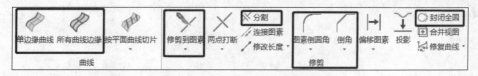

图 2-2　线框中为需要学习的功能

图 2-3　框出的实体功能需要学习

2.2　画点和线

在 Mastercam 软件里，"点"通常使用在编程的辅助上或者钻孔命令上。绘制点的方法有两种：

1）单击"线框"—"绘点"，然后在绘图区用光标指定位置绘制。

2）单击"线框"—"绘点"，然后立即通过键盘小写切换为大写状态，输入 X 和 Y 坐标定位。图 2-4 所示为在位置（X100，Y100）绘制一个点。

画点和线的命令说明如下：

（1）圆周点　通常用在法兰类零件的二维图形绘制上。单击"线框"—"圆周点"，指定圆心点，输入参数获得。用"圆周点"命令绘制 8 等分直径为 10.0mm 的圆如图 2-5 所示。

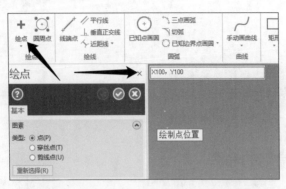

图 2-4　单击"绘点"在绘图区绘制一个点

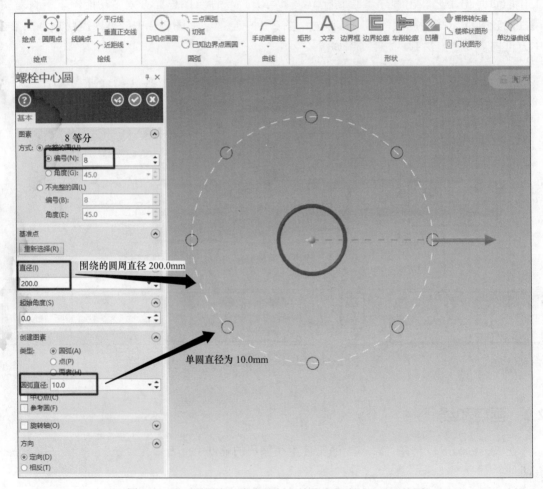

图 2-5　用"圆周点"命令绘制 8 等分直径为 10.0mm 的圆

（2）线端点　线端点指两点画线，需要有 2 个已知点，点位置可以是任意创建的，也可以是指定坐标位置的点，即由两组 X、Y 的坐标点连接。单击"线框"—"线端点"，输入两组 X、Y 坐标点得到线，如图 2-6 所示。也可以直接画垂直线或者水平线，读者可以上手练一下，下方尺寸可以输入线的长度和角度。

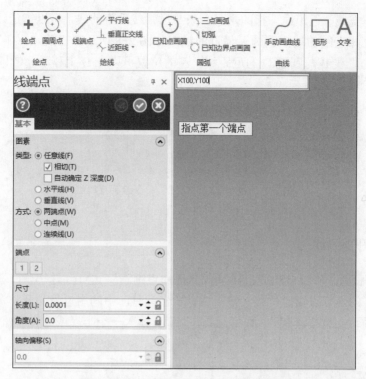

图 2-6 用"线端点"命令绘制一条线段

（3）平行线 原理很简单，就是在已知线的基础上，绘制一条与之相平行的同样长度线，中间输入间隔距离。如图 2-7 所示，已知线 A，绘制平行线 B，中间间隔为 15.0mm。

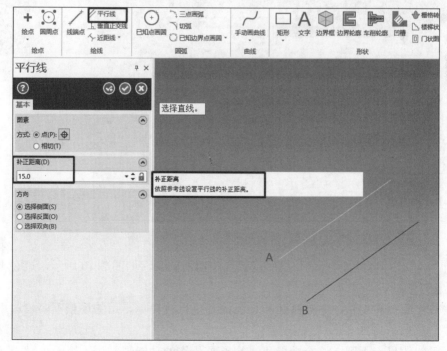

图 2-7 绘制一条与 A 线平行的 B 线

（4）垂直正交线、近距线　指的是画一条与已知线垂直的线，可以指定线经过的位置；近距线指的是已知直线的端点到圆弧最近的线。如图2-8所示，直线A为直线B的垂直正交线，直线C为直线B与圆弧D的近距线，A的位置可以在B上移动，C只能在B距离圆弧D最近的那个端点上。

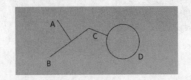

图2-8　用"垂直正交线"命令绘制直线C

2.3　圆命令的使用

（1）已知点画圆　和绘点功能一样，单击"已知点画圆"后会让选择位置，这时单击"手动"可以输入X、Y的坐标点指定位置（输入X、Y坐标时，中间用逗号隔开），也可以用光标选择已有图素的端点进行绘制。选择好圆心点后，再输入一个半径或者直径值就大功告成了。如图2-9所示。

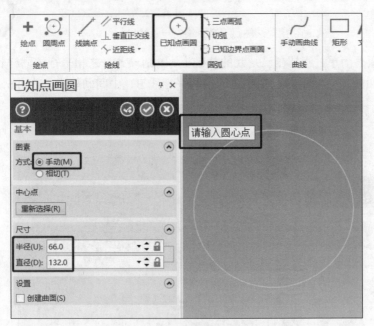

图2-9　用"已知点画圆"命令绘制直径为132.0mm的圆

单击"相切"，可绘制一个与已知圆弧线相切的圆弧，如图2-10所示，这时半径和直径会锁死无法更改。

（2）三点画弧和切弧　三点画弧和切弧的功能比较简单，用的场景不多，这里不多做介绍。

（3）已知边界点画圆　这个功能里"端点画弧"的功能很常用，用于画键槽的圆弧连接和编程时画辅助线。如图 2-11 所示，我们要将两条平行线 A 和 B 进行圆弧连接，就可以使用这个功能，C 和 D 的圆弧直径刚好是 AB 之间的最短距离。读者可以随手画两条平行线，然后画连接圆弧练习一下加深印象。

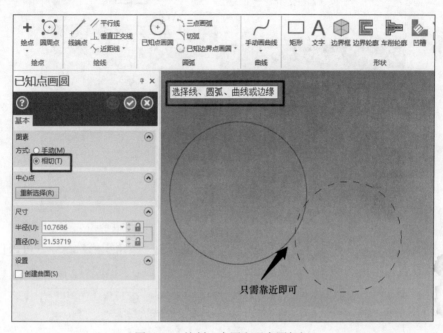

图 2-10　绘制一个圆和现有圆相切

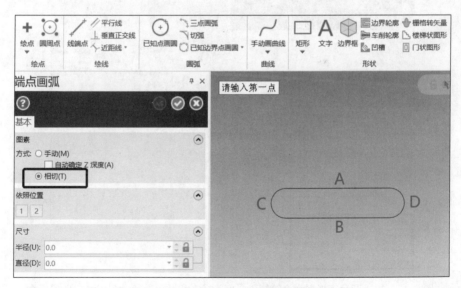

图 2-11　用"端点画弧"命令绘制圆弧 C 和 D

2.4　矩形和圆角矩形命令的使用

（1）矩形绘制　直接单击"矩形"，勾选"矩形中心点"，可以指定矩形的中心位置，然后设置矩形的长和宽。图 2-12 为画一个 100.0mm×100.0mm 的正方形。

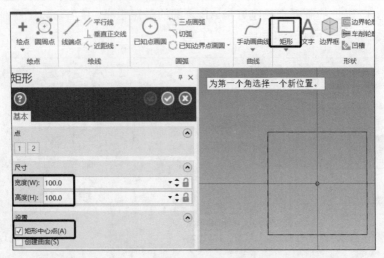

图 2-12　用"矩形"命令绘制一个长、宽均 100.0mm 的正方形

（2）圆角矩形绘制　单击"矩形"按钮下拉列表里的"圆角矩形"命令，可以直接指定位置，然后设置矩形的长和宽，以及圆角的半径和旋转角度，如图 2-13 所示。

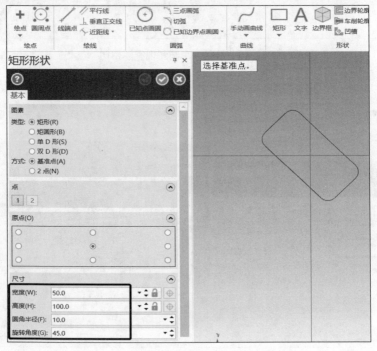

图 2-13　用"圆角矩形"命令绘制带角度 45.0°和圆角半径为 10.0mm 的长方形

2.5　多边形和椭圆的绘制

（1）多边形绘制　在"矩形"命令下拉菜单栏里面有个"多边形"命令。多边形绘制

的参数和绘制圆角矩形差不多，填写的参数也差不多，如图 2-14 所示。

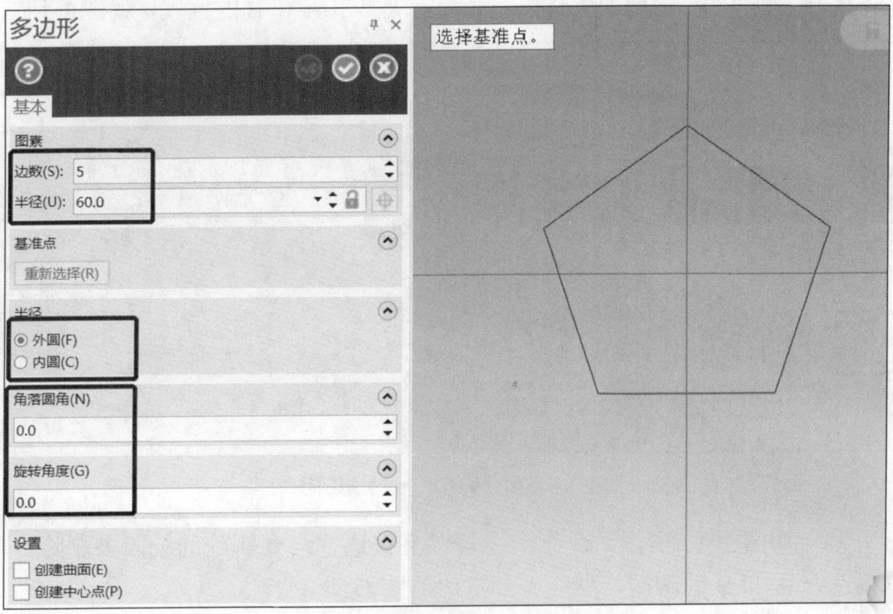

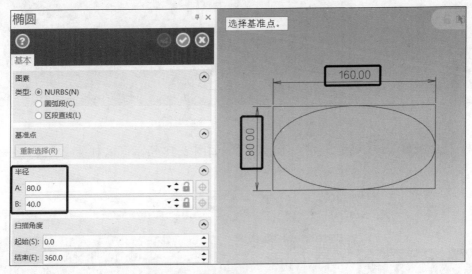

图 2-14　用"多边形"命令绘制五边形

（2）椭圆绘制　在"矩形"命令下拉菜单里有个"椭圆"命令。如图 2-15 所示，椭圆的绘制就是在一个矩形里面画 2 个内接圆，圆的半径分别是 80.0mm 和 40.0mm。读者可以按此为例进行练习。

图 2-15　用"椭圆"命令绘制椭圆

2.6　修剪延伸的命令使用

修剪延伸主要使用的功能是"修剪到图素""分割"和"修改长度"。

（1）修剪到图素 如图2-16所示，将左边图修剪成右边的：单击"修剪到图素"，工具栏里面选择"修剪"和"修剪两物体"，然后依次单击A和B的位置，就能得到右边图形。

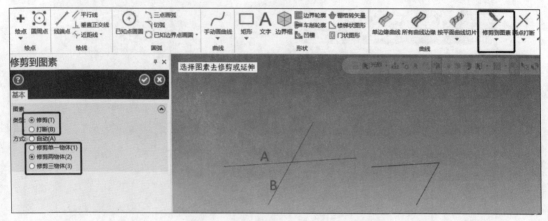

图2-16 用"修剪"命令修剪图形

（2）分割 如图2-17所示，分割命令可以直接选择需要删除的线段去删除。单击"分割"，直接选择A和B的两端，就能得到右边的图形。

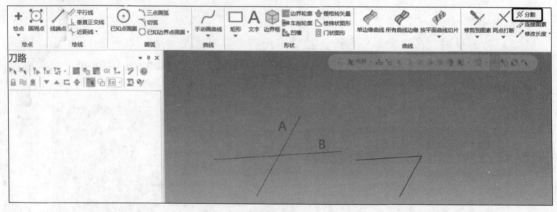

图2-17 用"分割"命令修剪图形

（3）修改长度 该命令就是字面上的意思，如图2-18所示可以对直线或圆弧进行加长或者缩短。

图2-18 修改长度可以延伸也可以缩短

2.7 平移、旋转和镜像的使用

1）"平移"功能是将图素从一个位置移动到另一个位置。图 2-19 所示是将左边圆往右边增量移动 X200.0 的距离，选择"复制"的意思就是保留原图，X、Y、Z 三个方向均可。

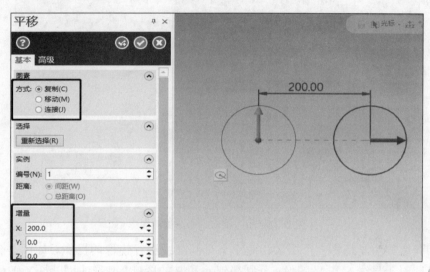

图 2-19 用"平移"命令移动图形位置

该功能除了将增量的输入数值进行平移之外，还可以进行点到点的移动。如图 2-20 所示，单击"平移"—"向量始于 / 止于"，就可以根据提示将图形由 A 点平移到 B 点。

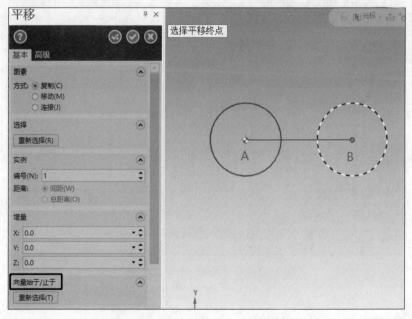

图 2-20 用点到点的方法移动图形

2）"旋转"功能是将一个图素围绕某个基准点进行旋转，可以指定次数。如图 2-21 所示，圆 A 围绕点 O 旋转 4 次，每次 90°。基准点可以是任意位置的点。

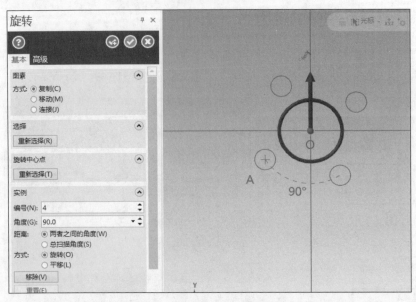

图 2-21 用"旋转"命令旋转图形

3）"镜像"功能是将一个图素相对于某个基准线进行镜像的操作。如图 2-22 所示，汉字"六"相对于直线 N 和 M 镜像，分别得到 A 和 B 的图形。基准线可以是 X 轴和 Y 轴线，也可以是任意线。

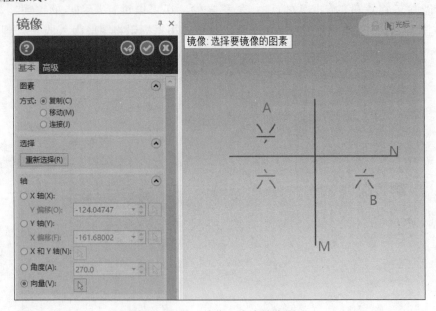

图 2-22 用"镜像"命令镜像图形

2.8 单体补正和串连补正的用法

1）"单体补正"指的是针对单条线段或者圆弧进行偏置，偏置的过程可以是放大也可以是平移。如图 2-23 所示，将线段 A 往垂直的方向平移了 10mm 即补正了 10mm，类似于画一条平行线，两端线的长度是一致的。读者可以试试单击"槽"能得到什么样的结果。

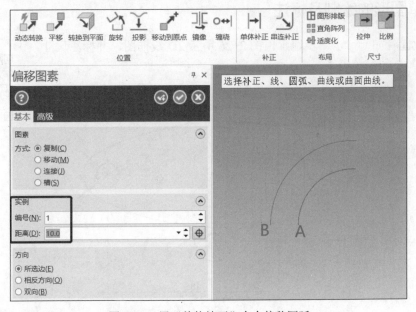

图 2-23　用"单体补正"命令偏移直线

如果需要圆弧线段，使用该功能会得到往一个方向放大的结果，如图 2-24 所示，圆弧 A 经过"单体补正"之后得到了圆弧 B，圆弧 B 的半径比 A 圆弧大 10.0mm。

图 2-24　用"单体补正"命令偏移圆弧

2）"串连补正"是指一个封闭图形按照一定的比例缩放操作。如图 2-25 所示，键槽 A 通过串联补正可以放大或者缩小分别得到 B 和 C，补正的"距离"是 10.0。放大或者缩小取决于选择的补正方向。

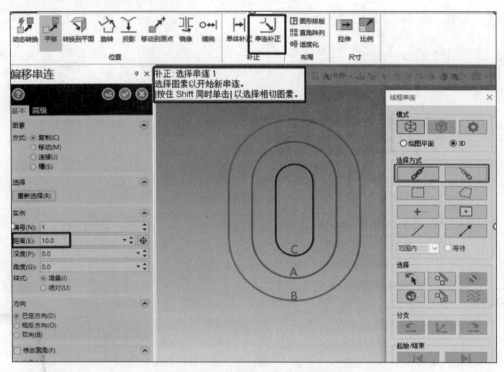

图 2-25　用"串连补正"命令偏移图形

2.9　简单图形的绘制及标注

本节教读者如何一步一步地画出图 2-26 所示 2D 线框图，并标注尺寸。

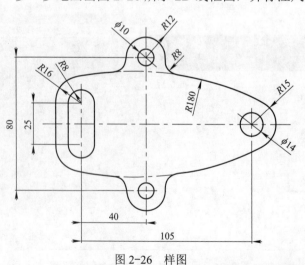

图 2-26　样图

在拿到图样之后先分析如何画图，即需要定位的（X0，Y0）的中心位置在哪儿，然后用哪些命令画。观察图形发现，上下是对称的，可以用镜像命令；左右不对称，就得先从基准出发，基准放在左边 R8mm 的键槽中心最佳。可以先画左边键槽，然后串连补正键槽，接着画中间圆弧和右边圆弧，最终画 $R180$mm 的大圆弧并做好修剪和镜像即可。具体操作如下：

1）单击"线框"—"矩形"—"圆角矩形"命令，将左边键槽摆放在（X0，Y0）的位置，如图 2-27 所示。

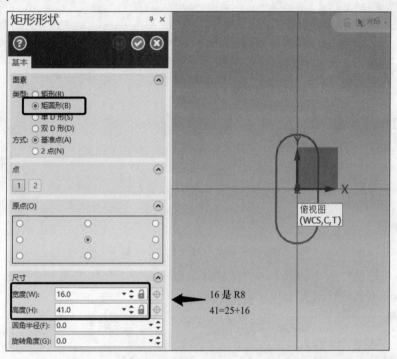

图 2-27　在基准 0 点绘制一个 16mm×41mm 的键槽

2）单击"转换"—"串连补正"命令，将键槽放大 8mm，如图 2-28 所示。

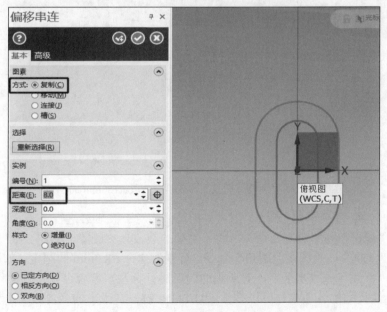

图 2-28　用"串连补正"命令放大

3）单击"线框"—"已知点画圆"命令，分别将上面和右边的圆画好，注意输入X、Y坐标时用逗号隔开，如图2-29所示。

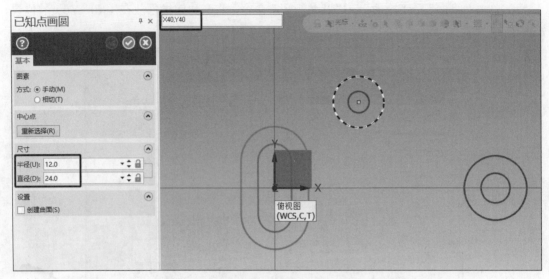

图2-29 用"已知点画圆"命令绘制4个圆

4）单击"线框"—"切弧"—"两物体切弧"命令，分别选择左边键槽$R16mm$圆弧和右边$R15mm$圆弧进行圆弧绘制，如图2-30所示。

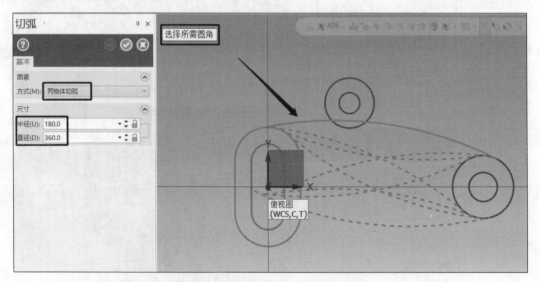

图2-30 用"两物体切弧"命令绘制一段$R180mm$的圆弧

5）单击"转换"—"镜像"命令，对做好的圆弧相对于X轴线进行镜像，如图2-31所示。

6）单击"线框"—"分割"命令，将不需要的线段单独删除，如图2-32所示。

7）单击"线框"—"图素倒圆角"命令，分别倒4个$R8.0mm$的圆角，如图2-33所示。

8）单击"标注"—"水平"，对所画的图形进行标注，读者可以自行操作，如图2-34所示。修改标注尺寸的各项参数可以按住<ALT+D>键，在弹出的"自定义选项"对话框中进行调整，如图2-35所示。

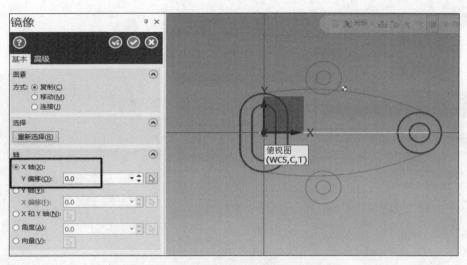

图 2-31　对已经绘制好的图形进行"镜像"

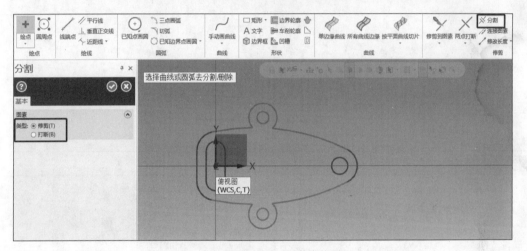

图 2-32　用"分割"命令修剪图形

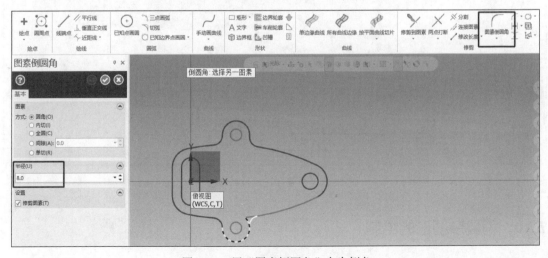

图 2-33　用"图素倒圆角"命令倒角

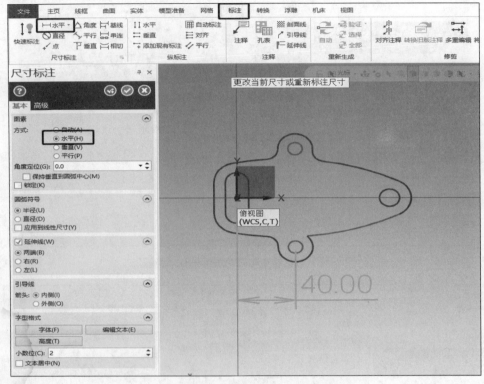

图 2-34 标注图形尺寸

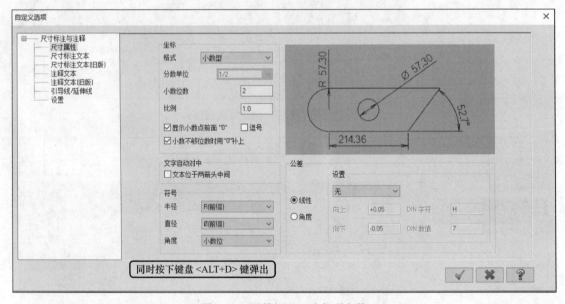

图 2-35 调整标注尺寸各项参数

2.10 稍复杂图形的绘制

本节教读者如何一步一步绘制图 2-36 所示二维图形。

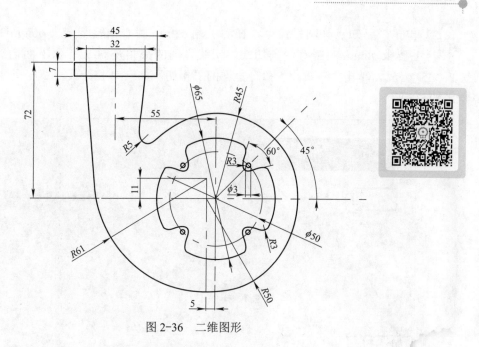

图 2-36　二维图形

跟之前一样，绘图之前考虑需要先画哪里再画哪里，千万不要上来就画，然后发现画得不对，浪费时间。

我们看到，图样有 2 个基准，左上和右边中间。可以先画中间的圆，再画左边的长方形，然后两边用圆弧连接起来。

1）分别单击"圆周点"和"已知点画圆"命令绘制出右边圆 φ65mm 和 4×φ3mm 小圆，具体参数如图 2-37 所示。

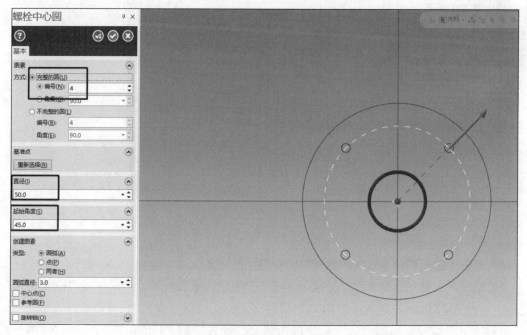

图 2-37　绘制 4×φ3mm 和 φ65mm 圆

2）单击"已知点画圆"命令，在右上角 ϕ3mm 圆心上绘制一个 ϕ6mm 的同心圆。由于图样上要求 ϕ6mm 的圆有两条切线，切线之间的夹角是 60°，那下面切线的角度就是 60°−45°=15°，单击"线端点"命令里面的"相切"，绘制 15° 线，长度超过 ϕ65mm 圆，如图 2-38 所示。

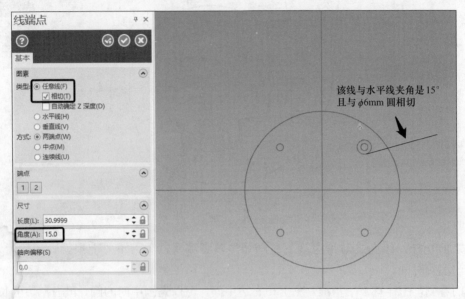

图 2-38 绘制 ϕ6mm 圆以及 15° 切线

3）从 ϕ65mm 圆心点出发绘制一条 45° 辅助线，这条线刚好穿过右上角的 ϕ3mm 小圆。单击"转换"里的"镜像"命令，以 A 线绘制 B 线，再单击"分割"命令将 R3mm 的圆弧修剪成图 2-39 所示的图形。

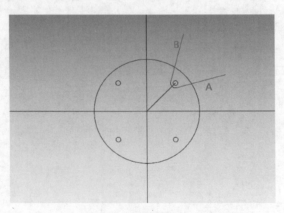

图 2-39 由 A 线绘制镜像线 B 并修剪图形

4）单击"转换"命令里的"旋转"，把 AB 线旋转 3 次，得到图 2-40 所示图形。

5）单击"线框"命令里的"分割"，把不需要的图素修剪掉，然后单击"图素倒圆角"命令，倒圆角 R3.0mm，共 8 个，如图 2-41 所示。

6）单击"已知点画图"命令，分别在圆心点位置绘制 R45mm 圆弧，在（X-5，Y0）位置绘制 R50mm 圆弧，在（X-5，Y11）位置绘制 R61mm 圆弧，如图 2-42 所示。

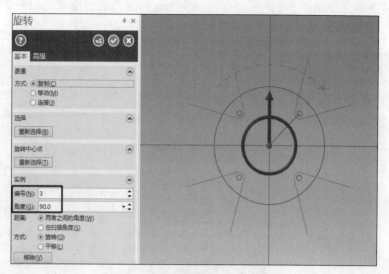

图 2-40　AB 线旋转 3 次，每次 90°

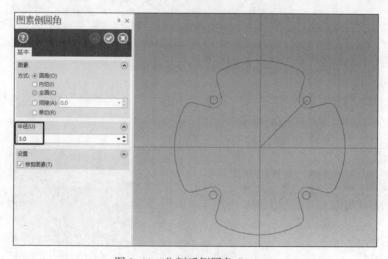

图 2-41　分割后倒圆角 R3.0mm

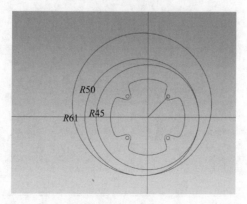

图 2-42　绘制 R61mm、R50mm、R45mm 圆弧

7）单击"线框"里的"分割"命令，将 *R*50mm 的圆弧进行修剪，如图 2-43 所示。

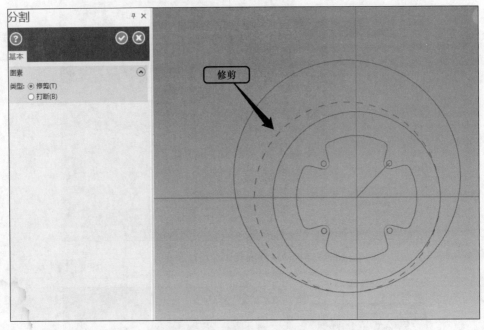

图 2-43　修剪 *R*50mm 圆弧

8）单击"线框"里的"线端点"命令，分别绘制"水平线"和"垂直线"，保证距离 72.0mm 和 55.0mm，如图 2-44 所示。

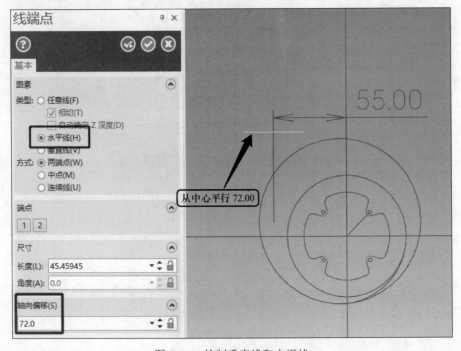

图 2-44　绘制垂直线和水平线

9）单击"平行线"和"分割"功能，绘制如图 2-45 所示矩形。

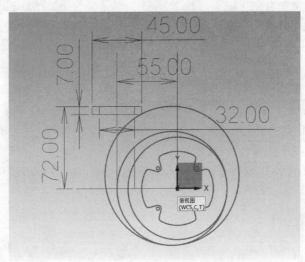

图 2-45　绘制矩形保证尺寸 72、7、45、32

10）单击"线端点"命令，如图 2-46 所示，从 A 点向 *R*61mm 的圆弧做一条切线，切点在 B。

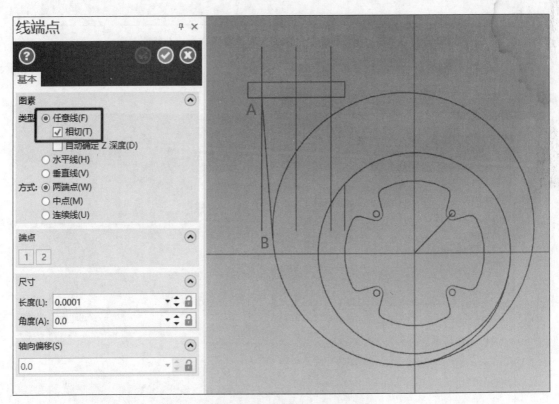

图 2-46　绘制一条从 A 点出发的切线

11）单击"转换"命令里的"镜像"，对第 10）步绘制的切线镜像，并修剪图形，如图 2-47 所示。

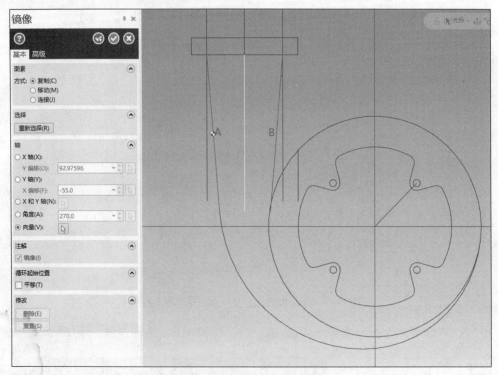

图 2-47　单击"镜像"命令将切线 A 镜像得到 B 线，并修剪图形

12）单击"线框"命令里的"图素倒圆角"命令，依次单击 A 线和 B 圆弧线，倒 *R*5mm 圆角，如图 2-48 所示。

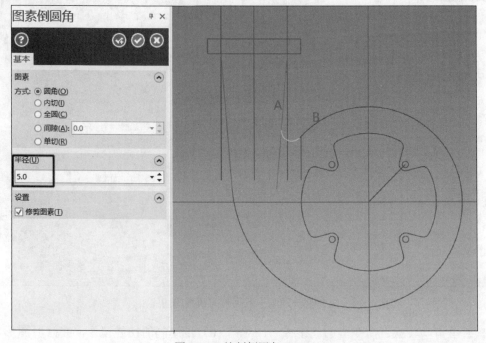

图 2-48　绘制倒圆角 *R*5mm

13）单击"线框"里的"分割"命令，将图形修剪至结束，如图 2-49 所示。

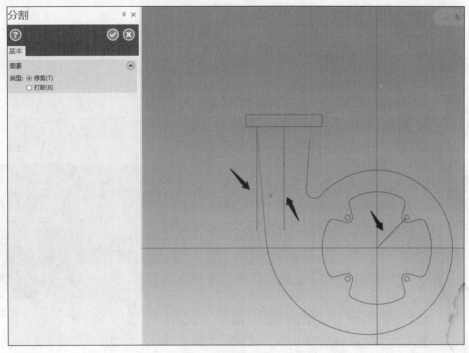

图 2-49　将不需要的线段全部修剪掉

第❸章 实体图绘制及编辑 >>>

3.1 了解画实体需要的视图及使用

本章开始给读者介绍三维图的绘制。三维图比较考验空间想象力。图 3-1 所示为一个立方体，有 6 个面。6 个面的视图能看到的是俯视图、前视图和右视图，隐藏着的是左视图、后视图和仰视图（有的版本翻译为底视图）。

了解清楚视图，对 3D 图形做空间旋转有极大的帮助。

例：如图 3-2 所示，我们在前视图上画了一个圆，然后在俯视图方向逆时针旋转 90°。那现在的前视图就转换到了右视图，同理右视图就转换到了后视图。具体步骤为：

1）"平面"里将"G/WCS/C"全部点亮在前视图，下方工具栏状态单击成"2D"，Z 为 50 绘制圆，如图 3-2 所示。

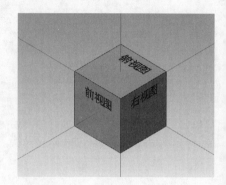

图 3-1 一个立方体有 6 个视图

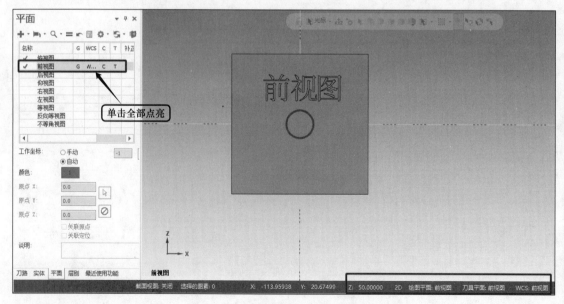

图 3-2 在前视图方向绘制一个圆

2）在俯视图方向对该立方体进行逆时针旋转 90°，前视图就转换到右视图方向，如图 3-3 所示。

读者可以用计算机多加练习，加深对空间视图概念的理解。

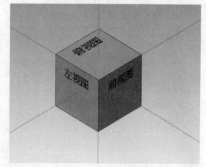

图 3-3　在俯视图方向逆时针旋转 90°

3.2　五种基本实体的创建

在实体绘图里有五种基本实体，分别是圆柱体、立方体、球体、圆锥和圆环。本节仅做简单介绍（编著者本人在实际操作中几乎没使用过）。

1）圆柱体绘制：单击"实体"—"圆柱"—"基本圆柱体"，用光标在绘图区捕捉需要定位的基准点位置，然后输入左边工具栏各项尺寸就可以得到。也可以绘制不封闭的开口圆柱体，如图 3-4 所示，轴向的意思就是朝着哪个方向拉伸。

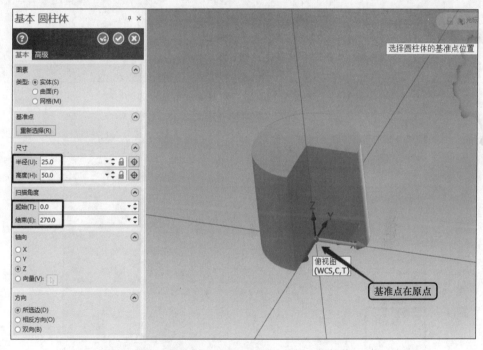

图 3-4　绘制 0.0°～270.0°的开口圆柱体

2）立方体绘制：立方体包括长方体和正方体，绘制方法是一样的。单击"实体"—"立方体"—"基本立方体"，在左边工具栏里输入相应数据，然后用光标在绘图区捕捉基准点进行绘制。图 3-5 所示为绘制一个基准点在原点，长、宽、高均为 100.0mm 的立方体。

3）球体绘制：单击"实体"—"球体"—"基本球体"，按图 3-6 所示绘制半径为 70mm 的球体。

4）圆锥绘制：单击"实体"—"锥体"—"基本圆锥体"，对照之前的操作将数据设置在左边工具栏里就可以绘制出圆锥体，如图 3-7 所示，要注意基本半径和顶部半径的区别。读者可以自行修改顶部半径，观察得到的图形样式，以便直观了解圆锥的画法。

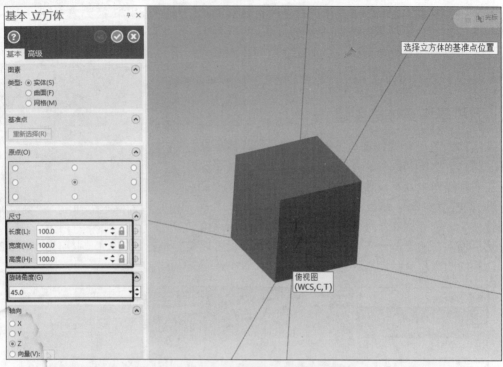

图 3-5　绘制长、宽、高均为 100.0mm 的立方体

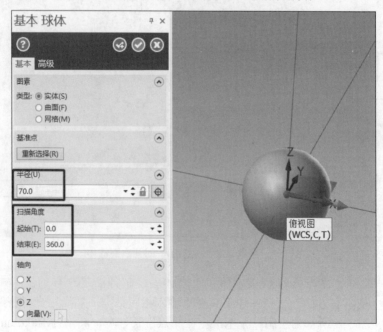

图 3-6　绘制半径为 70.0mm 的球体

5）圆环绘制：圆环分大径和小径，单击"实体"—"基本圆环体"，在工具栏里输入尺寸数值可以直接得到，如图 3-8 所示为绘制大径 R100.0mm、小径 R50.0mm 的圆环。其中，需要特别注意的是：大径指的是圆环内部的中心，而不是圆环的大外圆，而小径指的是内孔的尺寸。

图 3-7 绘制半径为 100.0mm、高为 200.0mm 的圆锥体

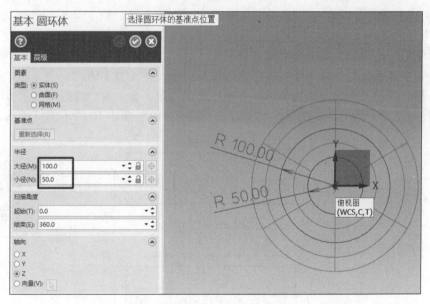

图 3-8 绘制大径 *R*100.0mm、小径 *R*50.0mm 的圆环

3.3 拉伸实体命令的使用

在 Mastercam 的实体绘制中，用得最多也是最简单的方法就是"拉伸"。绘图原理就是绘制一个平面图，然后往一个指定方向或者两侧同时拉伸，就像盖楼房，一楼

的墙体平面图先画好，然后往上升到 10 楼都是一样的图形。由此可以想象一下，一个 100mm×100mm×100mm 的立方体就只需绘制一个 100mm×100mm 的二维图，然后拉伸 100mm 得到。如图 3-9 所示，先绘制一个 100mm×100mm 的正方形，然后单击"实体"—"拉伸"，左边工具栏"距离"输入 100 可以得到一个 100mm×100mm×100mm 的立方体。

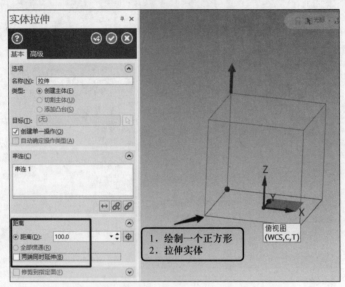

图 3-9　绘制 100mm×100mm×100mm 立方体

在"实体拉伸"工具栏里的"类型"有"创建主体""切割主体"和"添加凸台"，分别代表的含义是：

1）创建主体是直接生成一个实体。

2）切割主体需要另外画一个实体对主体进行切割，并保留主体。

3）添加凸台是另外画一个实体和原有实体连在一起，合二为一成为一个主体。

下面我们做一个练习，以便更好地学习这个功能：绘制图 3-10 所示的三维图。

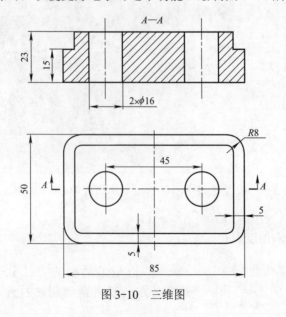

图 3-10　三维图

看到这个图（图 3-10），首先它是一个台阶图，需要用到实体里的"添加凸台"功能。其次，它是一个切割图，需要用到"切割主体"功能。具体步骤如下：

1）单击"线框"—"圆角矩形"，绘制如图 3-11 所示 50.0mm×85.0mm、R8.0mm 的圆角矩形。

2）单击"转换"—"串连补正"，绘制往内收 5.0mm 的圆角矩形，如图 3-12 所示。

3）单击"线框"—"已知点画圆"，绘制 2×φ16mm 圆、中心距为 45mm，如图 3-13 所示。

4）单击"实体"—"拉伸"，选择外圈线框，长度距离为 15.0mm，绘制如图 3-14 所示实体。

5）单击"实体"—"拉伸"，选择内圈线框，长度距离为 23.0mm，绘制如图 3-15 所示实体。

6）单击"实体"—"拉伸"，选择 2×φ16mm 圆，"距离"选择"全部贯通"，"类型"选择"切割主体"，如图 3-16 所示，"距离"填写的数字就是拉伸的长度，如果选中"全部贯通"后，距离输入任何数字都是无效的。

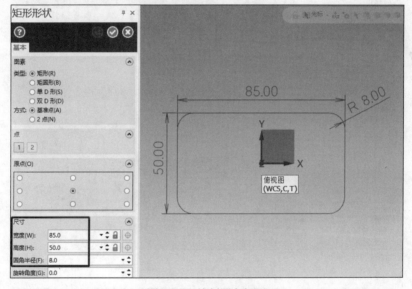

图 3-11　绘制圆角矩形

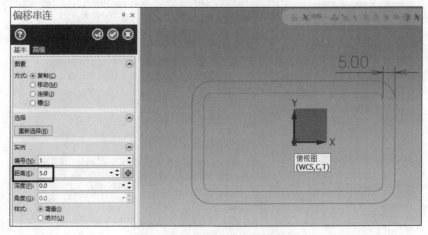

图 3-12　绘制往内收的圆角矩形

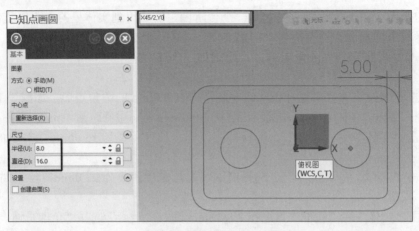

图 3-13　绘制 2×φ16mm 圆

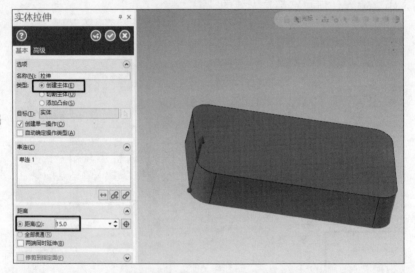

图 3-14　绘制外圈线框的拉伸图形，长度距离为 15.0mm

图 3-15　绘制"添加凸台"实体

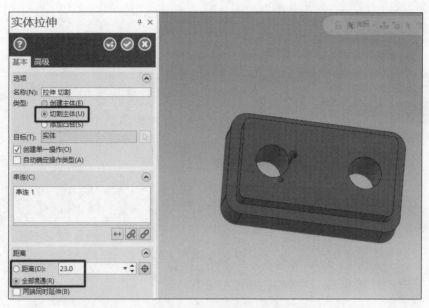

图 3-16　选择 2×ϕ16mm 圆，拉伸切割主体

3.4　旋转实体命令的使用

实体旋转主要用来绘制圆柱、圆锥类规则图形，步骤就是先绘制截面线框，然后围绕一条基准线进行旋转即可。如图 3-17 所示，绘制一枚印章，只需要绘制左边的线框，然后一分为二，围绕中轴线进行实体旋转就行。具体步骤如下：

1）绘制图 3-18 所示半个线框结构，用到的命令为"圆角矩形""指定点绘圆"，"切弧"—"通过点切弧"。

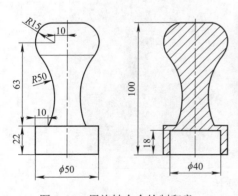

图 3-17　用旋转命令绘制印章

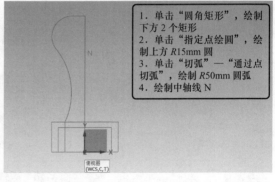

图 3-18　绘制二维线框

2）单击"曲线"—"分割"，将图形进行分割，如图 3-19 所示。

3）单击"实体"—"旋转"，以线段 N 为基准轴进行实体旋转，如图 3-20 所示。

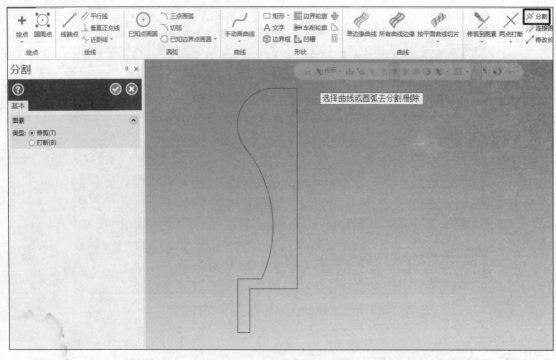

图 3-19　对图形进行分割处理

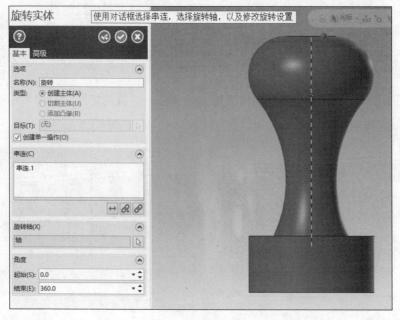

图 3-20　旋转实体

3.5　扫描实体命令的使用

扫描实体主要用来绘制牵引类图形，比如杯子的把手、弯弯曲曲的管道等。需要绘制一个截面线框和一条引导线，用截面线框沿着引导线进行牵引做出实体。如图 3-21 所示，要绘制出左边的实体，得事先将右边的线框绘制好。

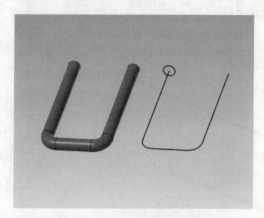

图 3-21 利用引导线扫描实体

具体操作步骤如下：

1）在前视图绘图状态下绘制 ϕ10mm 圆，在俯视图状态下绘制 U 形线框，如图 3-22 所示。

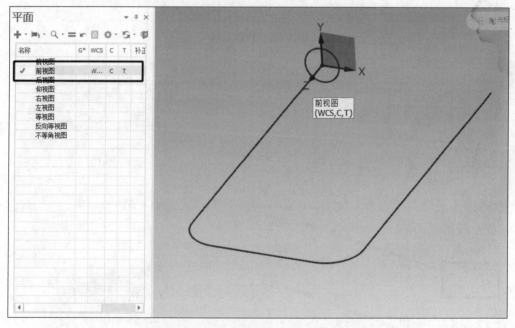

图 3-22 绘制 ϕ10mm 圆和 U 形线框

2）单击"实体"—"扫描"，此时绘图区会提示"选择引导串连 1"，选择 ϕ10mm 的圆，此时提示"选择图素以开始新串连"，这时选择"确定"，又弹出"选择引导串连 1"的提示，此时再选择 U 形线框，就可以将扫描实体绘制出来，如图 3-23 所示。

如果需要得到图 3-24 所示的两端不一样大小的管道，可以在最后一步另外添加端面线框。

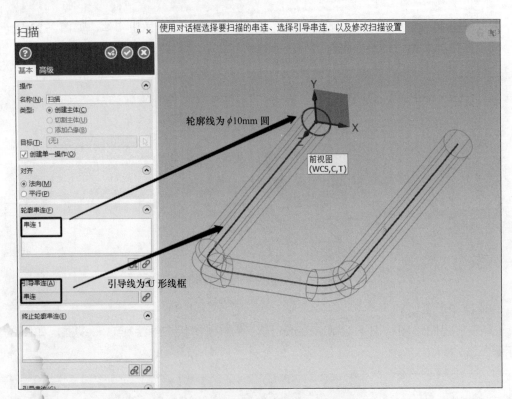

图 3-23　扫描实体

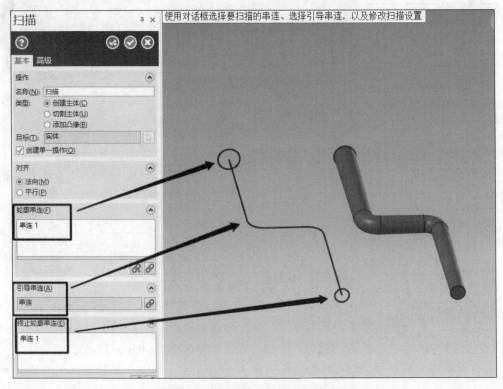

图 3-24　绘制两端不一样大小的管道实体

3.6　举升实体命令的使用

　　举升实体的绘制方法最简单，但由于限制比较多，所以也是最容易出错的。所幸我们工作中用得不多。需要在同一个平面视图下绘制两个落差的图形，且图形是比较接近的。如图 3-25 所示，在 Z0 位置绘制一个长方形，然后在 Z-100 位置绘制稍微大一些的长方形，接着单击"实体"—"举升"，分两次串连刚画的两个长方形，只需注意串连的时候单击的位置要保持一致（比如都是单击的右下角）。

图 3-25　绘制举升实体

3.7　旋转实体绘制实例

　　旋转实体在平时绘图的工作中会经常遇到，所以下面特意安排一个实例来讲解，以加深印象。如图 3-26 所示，绘制该图用得最多的命令是旋转。

　　拿到图，先分析如何绘图：①绘制 3 个圆柱（可以用绘制圆柱方式，也可以绘制截面线框然后旋转实体）；②绘制 30×90°缺口；③绘制沉孔；④绘制 10mm×20mm 键槽。具体步骤如下：

　　1）绘制截面线框，然后使用旋转实体命令旋转得到右边实体主体，如图 3-27 所示。

　　2）在基准位置往右 8mm 绘制一个长 30mm 的线框，宽度超过主体壁厚即可。单击"实体"—"旋转"—"切割主体"，"角度"范围设置为 ±45.0°，如图 3-28 所示。

3）切换到左视图方向，Z 坐标调整到 –62.5mm 的位置，绘制中间 ϕ8mm 孔的截面线框，实体旋转切割，要注意的是绘制的线框必须是封闭的，如图 3-29 所示。

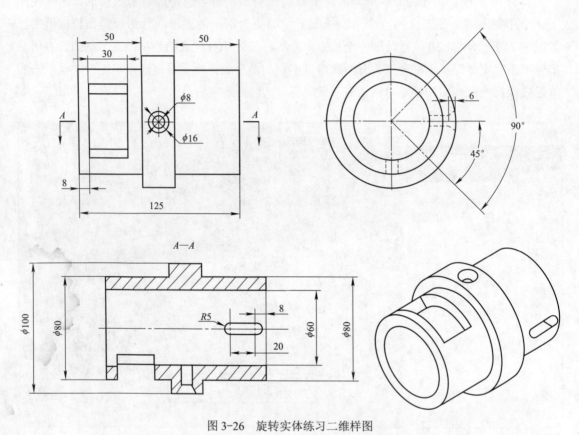

图 3-26　旋转实体练习二维样图

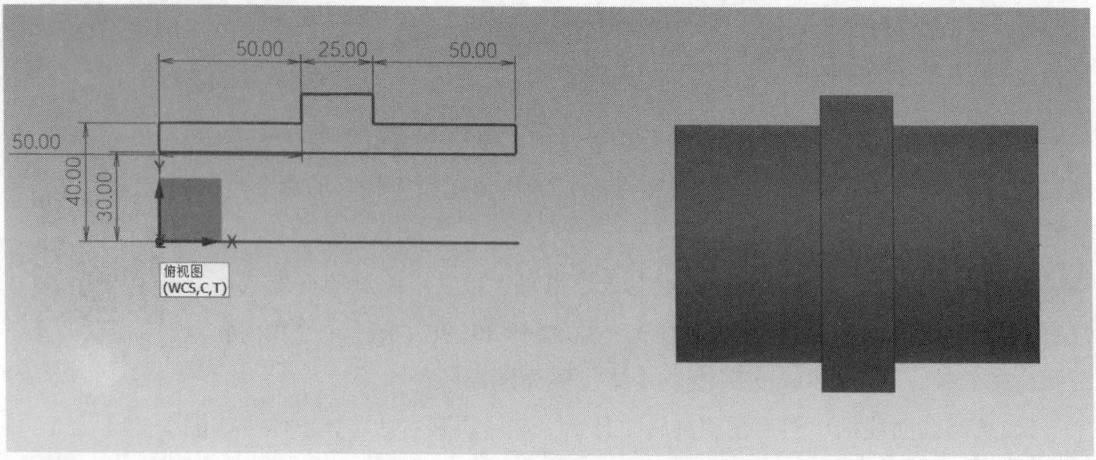

图 3-27　绘制实体主体

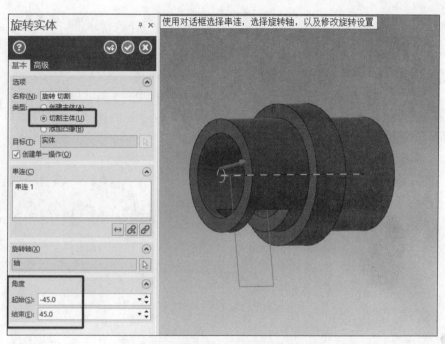

图 3-28　绘制截面线框，绘制旋转实体切割主体

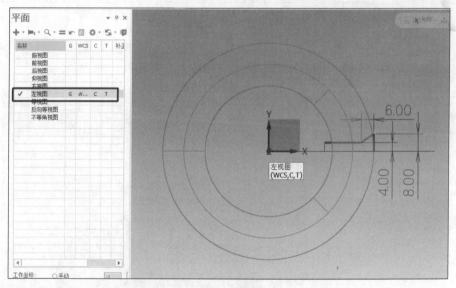

图 3-29　绘制 ϕ8mm 截面线框并旋转切割实体

4）再切换到俯视图，在 Z0 位置绘制 10mm×20mm 的键槽，位置在右边端面往左 8mm，如图 3-30 所示。

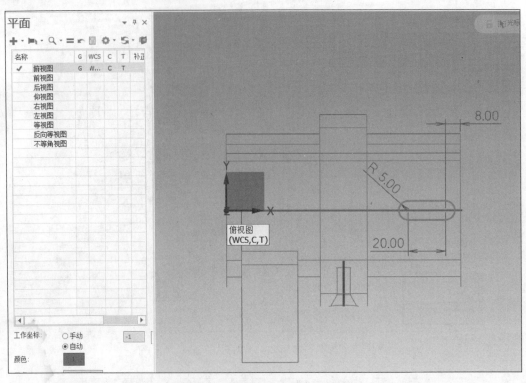

图 3-30　绘制 10mm×20mm 键槽

5）将第 4）步绘制的键槽作为拉伸截面线框，往下拉伸切割实体。正常默认的拉伸方向是往上，需要单击"串连"对话框下方的"全部反向"来切换拉伸方向，如图 3-31 所示。

图 3-31　往下拉伸切割实体主体

6）大功告成。如图 3-32 所示，整个实体绘制结束。需要注意的是，最后一步拉伸的方向不要搞反了。

图 3-32　绘制结果

3.8　用快捷绘图平面和实体扫描命令绘制管道

图 3-33 所示是一个管道，管道两端分别为方形和菱形，中间用一个弯着的管子相连。本例可以充分利用"快捷绘图平面"和"实体扫描"命令。

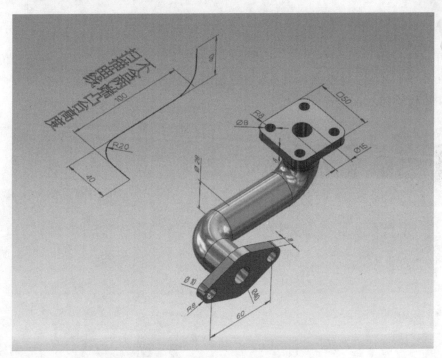

图 3-33　管道图样

拿到图样，首先分析如何绘制。①先绘制下方的菱形图形；②根据已绘制好的菱形中心位置设置快捷绘图平面，并绘制左上的 3D 线框；③在 3D 线框的尾部位置设置快捷绘图平面，并绘制 50mm×50mm 的立方体。具体步骤如下：

1）在右视图方向绘制菱形实体的截面图：在（X30，Y0）、（X−30，Y0）的位置分别绘制 R8mm 的圆弧，在（X0，Y0）位置绘制 ϕ40mm 圆弧，用切线功能将这几个圆弧相连接，如图 3-34 所示。

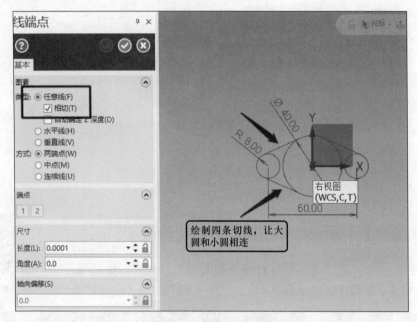

图 3-34　绘制菱形截面线框

2）单击"线框"—"分割"，将不需要的线修剪掉，在现有的 R8mm 圆弧位置上绘制 2×ϕ10mm 的同心圆，然后在 ϕ40mm 位置绘制 ϕ15mm 的圆，接着往后拉伸实体长度为 8mm，如图 3-35 所示。

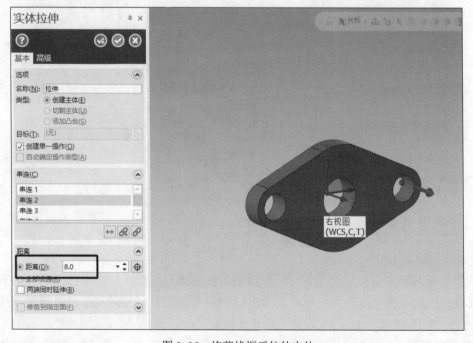

图 3-35　修剪线框后拉伸实体

3）绘制需要做扫描实体的引导线：在俯视图绘制平面线串，然后切换到右视图，Z 设置深度为 –40，往上绘制直线 40mm，接着倒圆角 R20.0mm，两处，如图 3-36 所示。

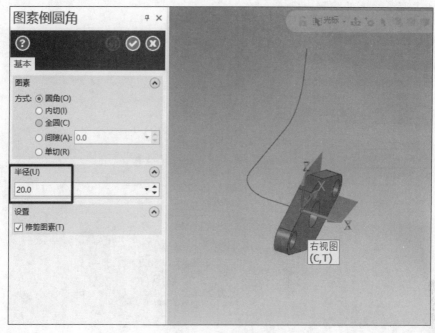

图 3-36　绘制引导线

4）在右视图方向绘制截面线框 ϕ28mm 圆，同时选择 ϕ15mm 和 ϕ28mm 圆为截面轮廓串连线框，以第 3）步绘制的曲线为引导线做实体扫描，如图 3-37 所示。

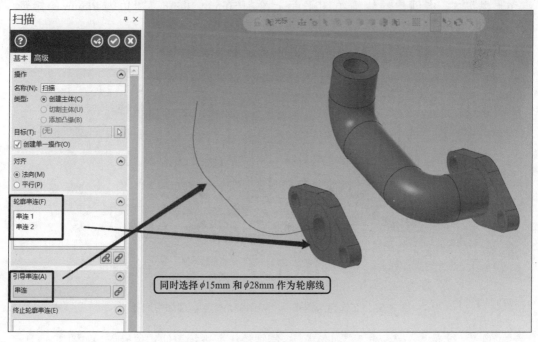

同时选择 ϕ15mm 和 ϕ28mm 作为轮廓线

图 3-37　用实体扫描命令绘制管道

5）在绘图区单击鼠标右键，选择"快捷绘图平面"，单击管道上方表面创建绘图面，如图3-38所示。这样可以快速地把绘图的坐标系移动到管道端面上。此时，绘图的坐标零点就在端面上方了，方便绘制正方体。

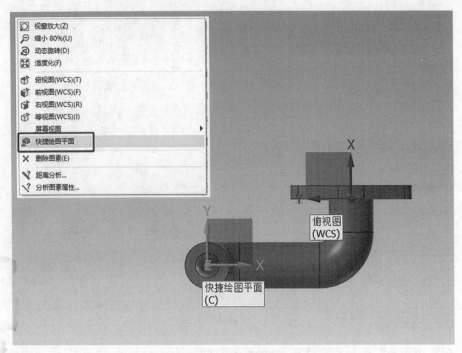

图3-38　选择"快捷绘图平面"

6）在第5）步创建的快捷绘图平面上绘制50mm×50mm、圆角为R8mm的矩形，4×ϕ8mm圆，以及中间孔ϕ15mm，如图3-39所示。

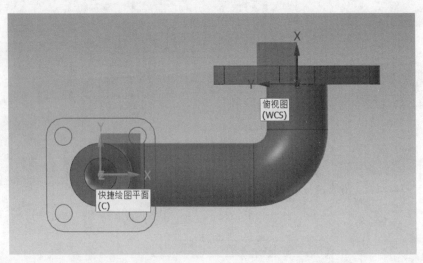

图3-39　在快捷绘图平面上绘制圆角矩形、圆和中间孔

7）单击"实体"—"拉伸"，对第6）步绘制的线框进行拉伸实体操作，如图3-40所示。

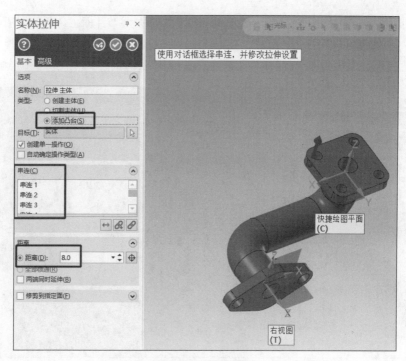

图 3-40　拉伸实体

3.9　布尔运算的几种用法

实体里的布尔运算也是比较常用的修改实体图形命令。主要有 3 个用法，分别为"结合""切割"和"交集"。

1）结合：分别将两个实体图集合在一起，即把两个图形合并成一个整体。如图 3-41 所示，单击"实体"—"布尔运算"，"类型"选择"组合"，"目标"选择长方体，"工具主体"选择圆柱体就可以将长方体和圆柱体组合成一个整体。

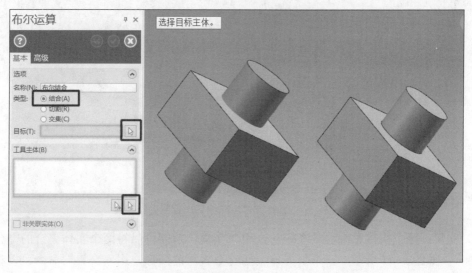

图 3-41　将长方体和圆柱体"组合"成一个整体

2）切割：用一个实体去切割另一个实体。被切割的称为"目标主体"，用于切割的称为"工具主体"。如图3-42所示，单击"实体"—"布尔运算"，"类型"选择"切割"，选择长方体为目标主体，选择圆柱体为工具主体，就可以切割了。

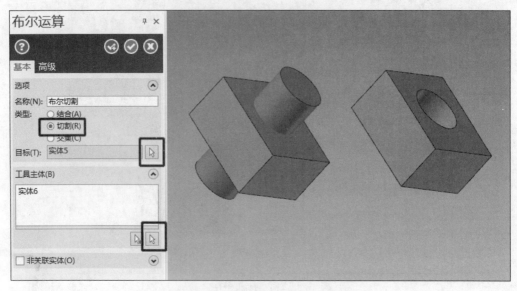

图3-42　用圆柱去切割长方体

如果绘制的工具主体和目标主体是相切的关系，则该功能无法使用，右上角会有黄色警告，如图3-43所示圆柱的圆弧面刚好和长方体的一条边相切。

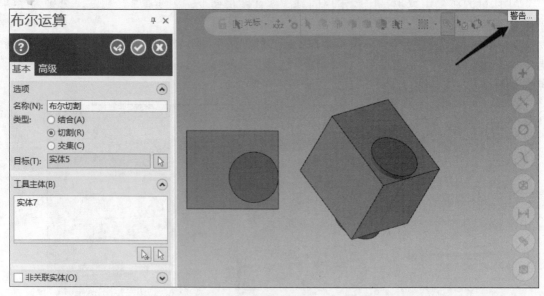

图3-43　圆柱和长方体不能相切，否则会有警告

3）交集：两个实体重叠摆放在一起，用"交集"功能可以将两个实体重合的部分单独提取出来。如图3-44所示，一个长方体中间有个折弯的图形，用"交集"命令可以将重叠部分提取出来，以长方体为目标主体，折弯的图形作为工具主体。

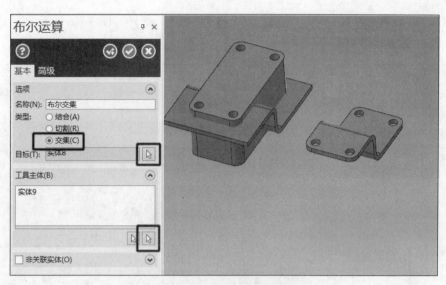

图 3-44 "交集"后实体

3.10 单一距离倒角、固定半倒圆角、面与面倒圆角的用法

倒角分倒圆角和倒直角，它们的绘制方法几乎一样。

1）单一距离倒角：如图 3-45 所示，将一个多边形实体倒直角，单击"实体"—"单一距离倒角"，选择要倒角的边，设置倒角大小。在"单一距离倒角"下拉菜单里有"不同距离倒角"之类，由于几乎用不上，所以不做讲解，感兴趣的读者可以自己去测试下。

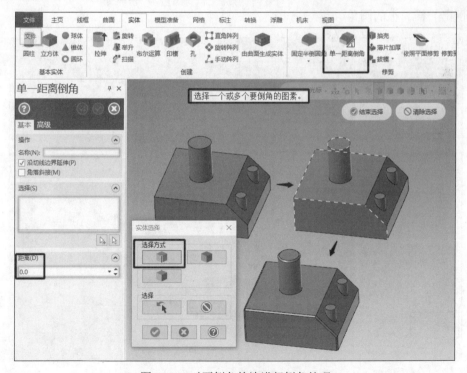

图 3-45 对要倒角的边进行倒角处理

2）固定半倒圆角：和"单一距离倒角"使用步骤一样，如图3-46所示将多边形实体倒R4mm的圆弧角，得到右边的结果。

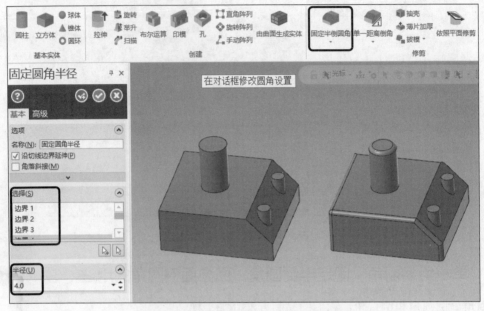

图3-46 对要倒圆角的边进行倒圆角处理

3）面与面倒圆角：有时候我们直接用边倒圆的时候出来的圆角大小不均匀，就需要使用"面与面倒圆角"命令。如图3-47所示，先选择圆柱面，再选择斜坡面，设置"宽度"就可以倒出一样大小的圆角。

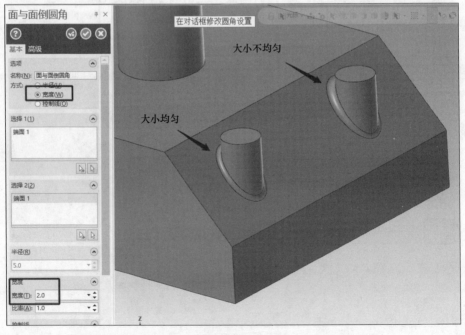

图3-47 使用"面与面倒圆角"功能倒出大小均匀的圆角

3.11　实体拔模命令的用法

实体拔模命令可以将一个实体指定端进行收缩，形成一个角度。一般用于铸造类的模具造型上。如图 3-48 所示，原图是 100mm×100mm×100mm 的立方体，如果需要上面比下面小单边 5° 的拔模斜度，单击"实体"—"拔模"，系统提示选择要拔模的面，分别单击选择左视图和右视图的面。

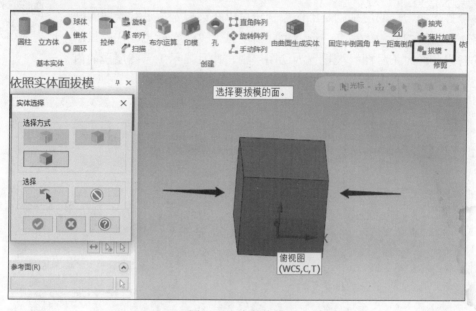

图 3-48　实体拔模

提示选择参考面的时候，选择哪个面决定哪个面的大小不变，实体往下放大或缩小。图 3-49 为选择的是顶面为参考面。

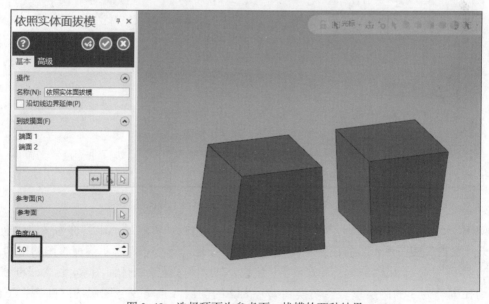

图 3-49　选择顶面为参考面，拔模的两种结果

3.12 图层的使用方法

图层是 Mastercam 比较重要的功能，所使用的频次也比较高。层别的显示/隐藏按钮在视图选项框里，如果不小心隐藏起来，可在"视图"选项卡里单击"层别"，弹出"层别"对话框，单击工具栏的"+"可以新建图层。

1）显示图素：如图 3-50 所示，单击层别工具栏"号码"下方的数字 1，将"√"打上，勾选的层别就是工作层别，可以在该层别里进行绘图的操作。将 1 号层别勾选，"高亮"选项也会自动打上"×"标志，代表显示图素的意思。此时 1 号图层被设置为绘图层别，并且显示 1 号图层里的内容，是一把"自定心虎钳"。

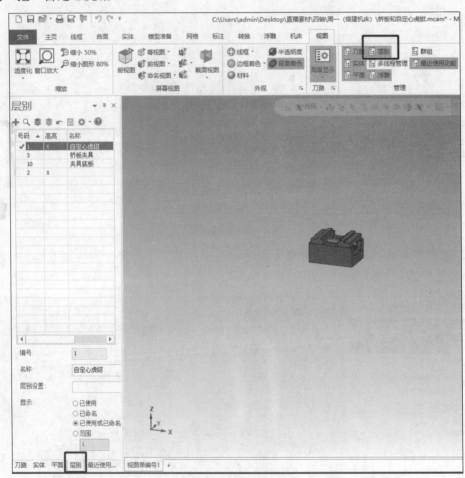

图 3-50　单击"号码"下的 1，显示出 1 号图层内容

如图 3-51 所示，单击 3 号和 10 号图层的"高亮"×，可以显示出名称为"桥板夹具"和"夹具底板"的图形，当前在"号码"下的数字 3 是勾选状态，表示当前绘图的层别是 3。

2）隐藏图素：勾选"号码"下方数字 3 位置，在绘图区域绘制任何图素，包含线框或者实体，均在编号为 3 的图层里，当切换到编号为 2 的图层，且将 3 号图层的"高亮"下的 ×单击消除时，绘图区 3 号图层所有内容就被隐藏起来，如图 3-52 所示。

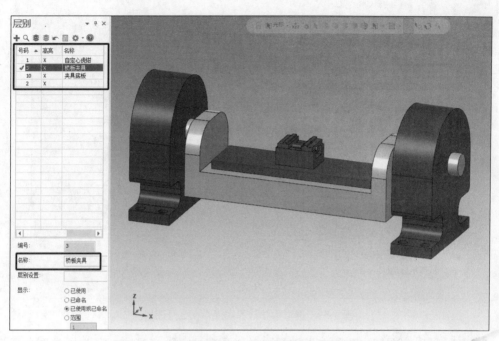

图 3-51　选择图层 3 和 10，显示桥板夹具和夹具底板

图 3-52　隐藏 3 号图层所有图素

3）层别应用场景：一般有两处，一是可以将图素分图层保存，将夹具、产品分开显示隐藏，有助于编程操作；二是可以将产品图素分开显示，比如编程中有时候需要加工实体面，有时候需要加工实体边界线框，可以新建图层将线框另外存放。注意这些全部需要灵活配合高亮显示使用。读者一定要反复练习新建图层、隐藏图层的操作。如图 3-53 所示，将夹具底板的实体边界线框提取出来，并保存在 2 号图层。

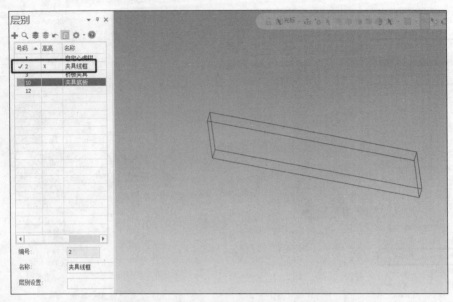

图 3-53　提取实体边界线保存在 2 号图层

　　4）复制和移动图层：我们在做编程之前必须养成一个习惯，就是将原始图档保存起来。比如，我将原始图层复制到 100 号图层，以免不当心将原始图修改或者操作错误而恢复不过来。将图层 1 里的图素复制到 100 号图层，单击图素，右击，选择"更改层别"，如图 3-54 所示。选择"复制"，输入 100，如图 3-55 所示，将 1 号图层里的"自定心虎钳"图素复制到第 100 号层别里，命名为"备份"。这时对 1 号图层可以进行任意操作，而不会担心图档丢失。这个步骤非常重要，读者一定要牢记，要养成每次操作编程或者修改图形时必须复制一个到其他图层做备份的好习惯。

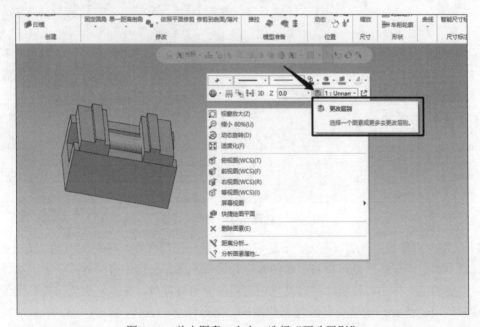

图 3-54　单击图素，右击，选择"更改层别"

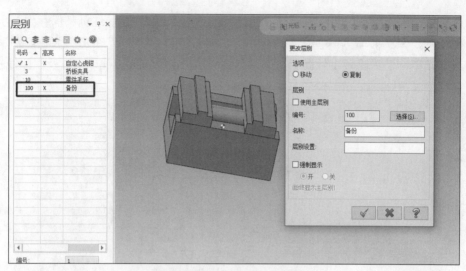

图 3-55　复制到第 100 号图层

3.13　孔轴、推拉、移动场景的运用

1）"孔轴"命令多用于多轴加工提取基准。如图 3-56 所示，一个实体的斜坡上有一个孔，单击"模型准备"—"孔轴"，选择孔壁，可以将孔的轴线、中心点、孔的圆柱截面线框提取出来。

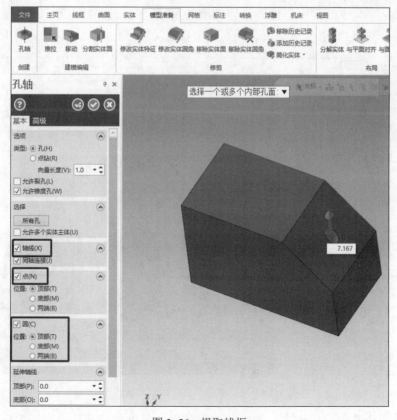

图 3-56　提取线框

读者可以使用上节的"层别"命令将孔的轴线、中心点、圆柱截面线框都保存到2号图层，如图3-57所示。具体步骤为：单击层别的"+"，新建图层输入"2"，单击"模型准备"—"孔轴"，选择孔壁，然后隐藏1号图层，即可得到图层里面提取的轴线、点以及圆弧线框。

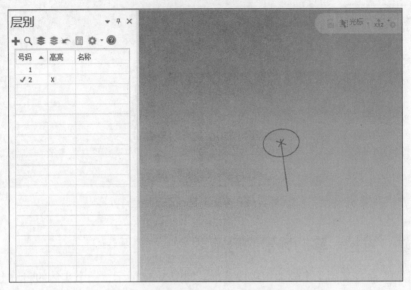

图3-57　将提取出来的轴线、点和圆柱截面线框保存在2号图层

2）"推拉"命令经常用于修改实体图形的尺寸，应用比较广泛。比如原本实体孔是 ϕ10mm 的，客户突然要求改为 ϕ20mm，可使用推拉功能将孔扩大，如图3-58所示。

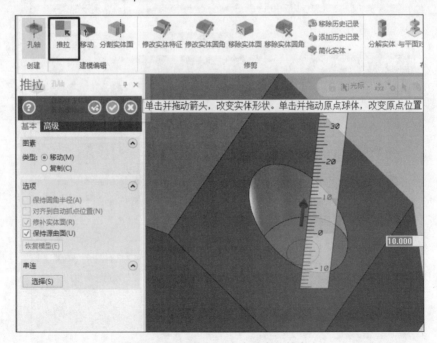

图3-58　用"推拉"命令改变孔的大小

"推拉"命令除了可以改变孔的直径大小外，还可以改变圆柱的直径大小，以及加长

或缩短实体的长度。如图 3-59 所示为将实体面进行拉长的操作。具体操作为：单击"推拉"，单击要修改的实体面，输入要修改的长度。

图 3-59　使用"推拉"命令对实体左侧进行拉长

3）"移动"命令用得很少，一般用在更改孔的位置上。如图 3-60 所示，将实体上的孔往 X 负方向移动 50mm，具体操作为：单击"移动"，单击原始孔壁，选择"复制"，单击 X 轴线，用光标往左拖，输入 –50。

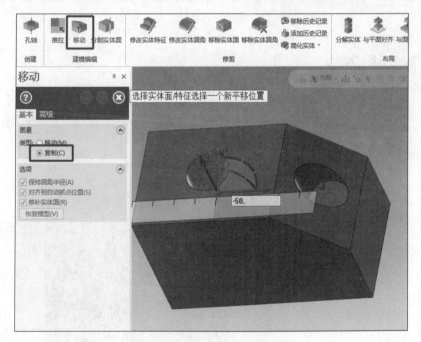

图 3-60　用"移动"命令将孔往 X 负方向移动 50mm

3.14　移除实体面

移除实体面在造型里经常用到。在 Mastercam 软件里，移除实体面的命令在"模型准备"

里。如图 3-61 所示，单击"模型准备"—"修改实体特征"—"移除"，选择孔壁和孔底（不能只选择孔壁或孔底，必须全部选择），单击"确定"，可以将孔移除掉。

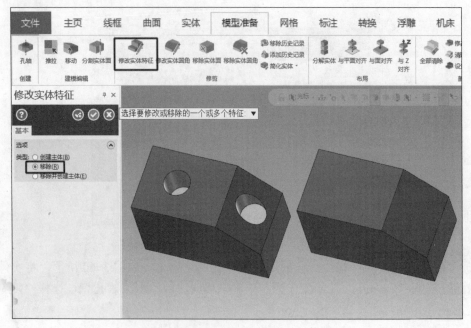

图 3-61　用"修改实体特征"命令移除孔

3.15　移除历史记录

单击工具栏里的"实体"，可以看到每个实体的建模都是有历史记录可查的，如图 3-62 所示的实体，是先画一个线框然后拉伸成一个实体，接着再画一个圆进行的拉伸切割形成的。

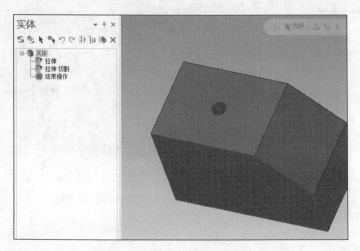

图 3-62　拉伸实体图形并切割实体

现在如果要对图形的孔大小进行修改（比如用推拉命令改大），会有一个报警，如

图 3-63 所示，提示是否要移除历史记录，此时需要考虑是否保存了图形。若单击"移除历史记录"，则实体历史记录里将会全部清零。

图 3-63　移除历史记录报警

当然也可以提前去除历史记录：单击"模型准备"—"移除历史记录"，选择整个实体，如图 3-64 所示。

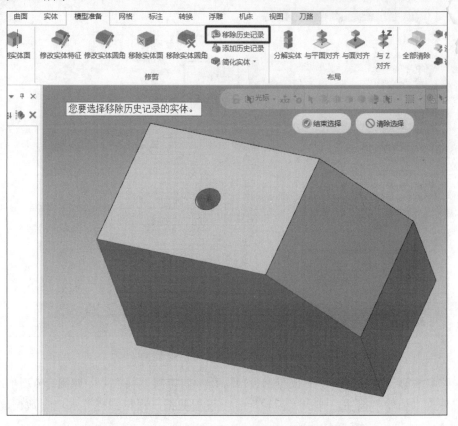

图 3-64　单击"移除历史记录"去除实体图的造型记录

3.16 利用自带插件绘制齿轮

Mastercam 有自带插件，齿轮的插件需要调出来，具体步骤如下：

1）单击如图 3-65 所指小箭头，弹出一个对话框，选择"更多命令"，齿轮就藏在里面。

图 3-65 单击小箭头选择"更多命令"

2）单击"快捷访问工具栏"—"加载项"—"齿轮"—"添加"，如图 3-66 所示。

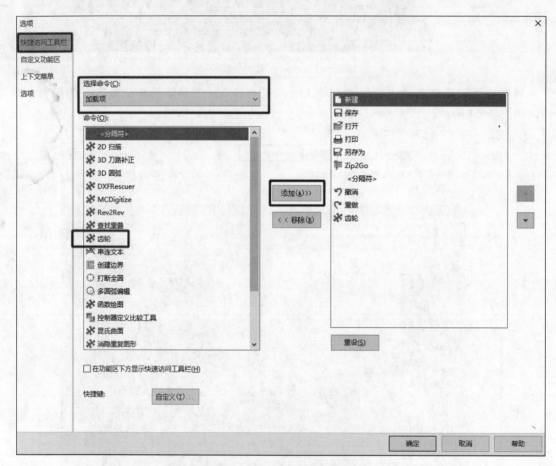

图 3-66 添加"齿轮"插件到快速访问工具栏

3）此时绘制"齿轮"命令的按钮就会出现在快捷访问工具栏上，如图 3-67 所示。

4）单击"齿轮"按钮，弹出"齿轮"各项设置数据，根据图样要求填写数据，能够自动生成齿轮的线框，如图 3-68 所示。

图 3-67　"齿轮"按钮显示在快捷访问工具栏上

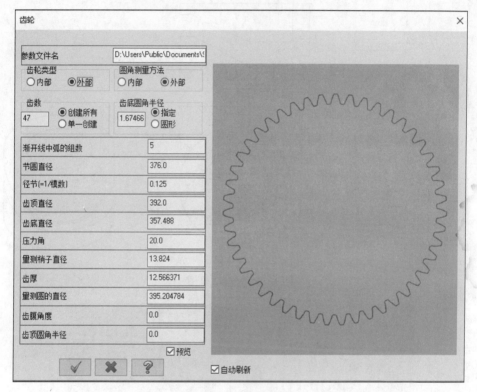

图 3-68　生成齿轮线框

3.17　利用布尔运算绘制四轴凸轮

如图 3-69 所示是一件需要用四轴加工中心加工的凸轮，本节讲解如何绘制出来。绘制该图形，主要用到实体加厚命令。笔者从业十几年，也就在绘制四轴零件图时才用过这个命令。

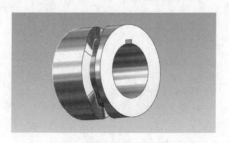

图 3-69　凸轮三维图

一般客户给的凸轮图样都是二维的 CAD 图，如图 3-70 所示。分析如何绘图：首先将线框图画出来，然后缠绕到圆柱上，再绘制曲面，对薄片加厚，接着对圆柱进行布尔切割。具体步骤如下：

1）根据二维图绘制线框，如图 3-71 所示。

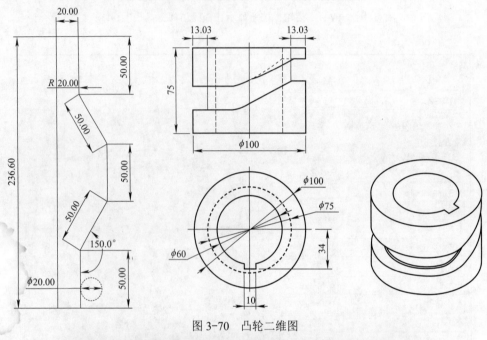

图 3-70　凸轮二维图

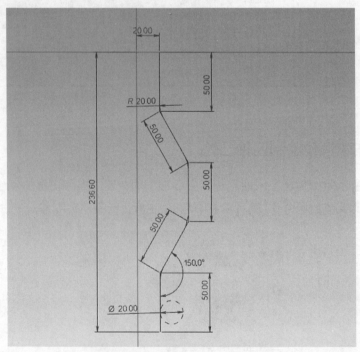

图 3-71　从原点出发，绘制线框

2）由图 3-71 可以看出，线框 Y 轴方向的长度是 236.60mm。这个长度是凸轮需要缠绕的圆弧周长。通过计算可以得到凸轮轴的外圆直径是 236.60mm/3.1415 ≈ 75.315mm。单击"转换"—"缠绕"，选择线框，输入参数，获得圆弧状的线圈，如图 3-72 所示，放大后可能会出现线两端有空隙，需要用两点画线的命令连接起来。

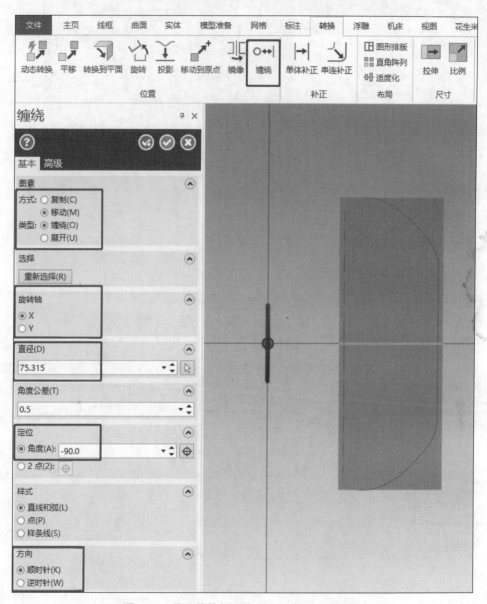

图 3-72　将二维线框缠绕到 ϕ75.315mm 的圆上

3）单击"转换"—"平移"，将画好的线框平移 2 次，每次都是 X20，第 2 次可复制，然后单击"曲面"—"举升"，将平移的线举升成曲面，如图 3-73 所示。

4）单击"实体"—"由曲面生成实体"，将曲面转换成实体，如图 3-74 所示。

5）单击"实体"—"薄片加厚"，将实体往外拉伸 20.0mm，如图 3-75 所示。

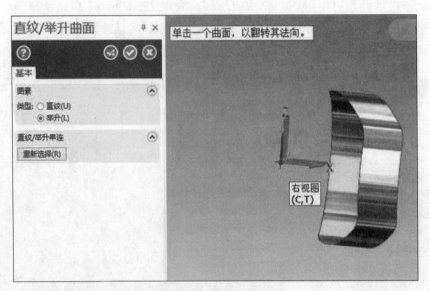

图 3-73 绘制直纹曲面

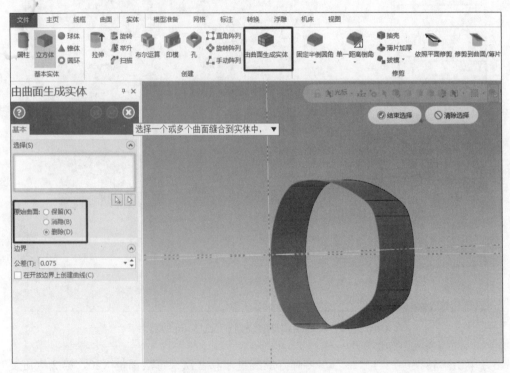

图 3-74 将曲面转换成实体

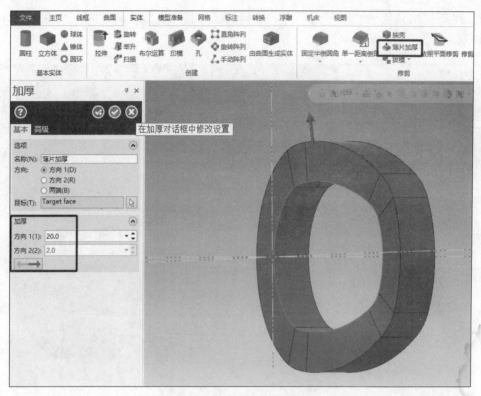

图 3-75　将实体往外拉伸 20.0mm

6）新建一个图层，绘制 X 轴方向的 ϕ100mm×75mm 圆柱，如图 3-76 所示。

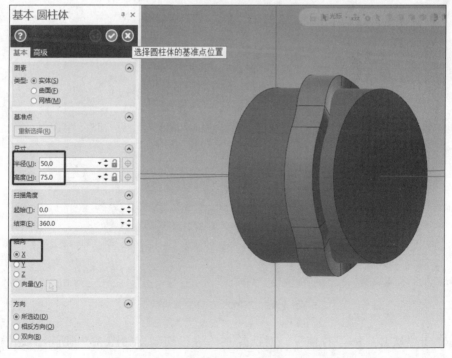

图 3-76　绘制 X 轴方向的 ϕ100mm×75mm 圆柱

7）单击"实体"—"布尔运算"，选择圆柱为目标主体、圆环为工具主体，对图形进行切割，如图 3-77 所示。

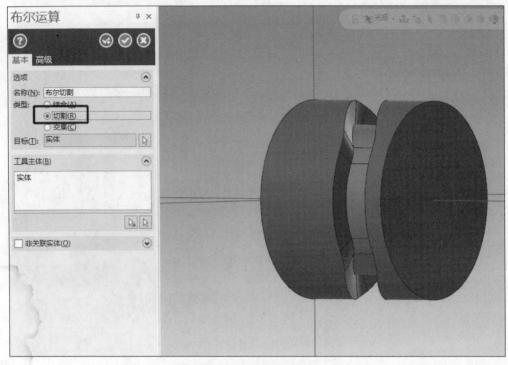

图 3-77　用布尔运算切割

8）在右视图方向绘制线框，如图 3-78 所示。

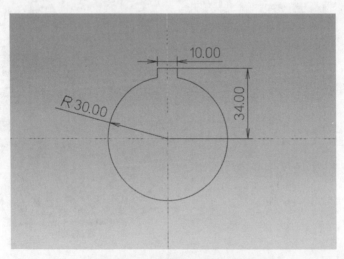

图 3-78　右视图方向绘制线框

9）单击"实体"—"拉伸"，对凸轮主体进行切割，如图 3-79 所示，这样就大功告成了。

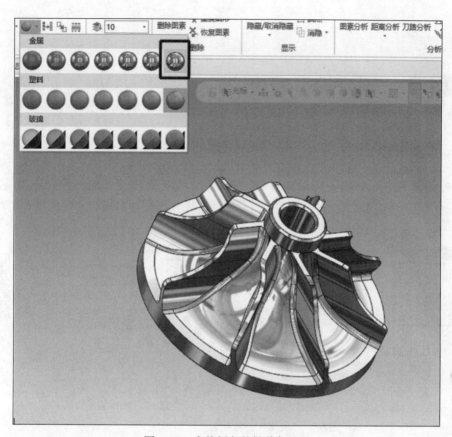

图 3-88　实体倒角并做着色处理

第❹章 数控加工模块 >>>

4.1 选择机床

打开软件加工界面，可以看到有"铣床""车床""线切割"等命令。是加工中心，则选择"铣床"。如图4-1所示，可以看到"铣床"下拉列表里有"默认"和"管理列表"。

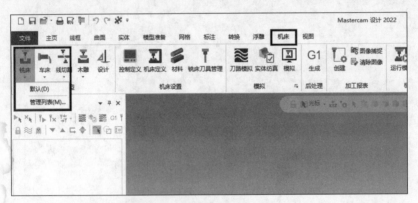

图4-1 "铣床"下拉列表

其中，"默认"机床可以当成三轴加工中心来编程，不过一般都使用专门的三轴加工中心。单击"管理列表"，选择三轴加工中心机床，找到要选的三轴机床"MILL 3-AXIS VMC MM.mcam-mmd"，单击"添加"，将其添加到右侧自定义机床菜单列表里，单击 ✓ 确定，如图4-2所示。值得注意的是，机床要选择VMC，千万别选择HMC，因为VMC是立式机床，HMC是卧式机床。

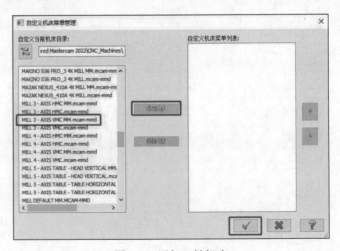

图4-2 添加三轴机床

现在单击"铣床"就会有标准的三轴加工中心机床在列表里供选择，如图 4-3 所示。

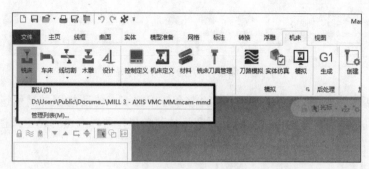

图 4-3　"铣床"列表里添加有 MILL 3 机床

单击图 4-3 中"D:\Users\Public\Docume…\MILL 3 - AXIS VMC MM.mcam-mmd"可以创建一台三轴加工中心供我们编程。图 4-4 所示是创建好的机床的模式，在左边工具栏会出现刀路的操作界面。图 4-4 所示创建"刀路"编辑工具栏，这是需要单击"机床"选项卡选择相应机床之后才会有的。如果不小心隐藏，可以在"视图"菜单里找到。

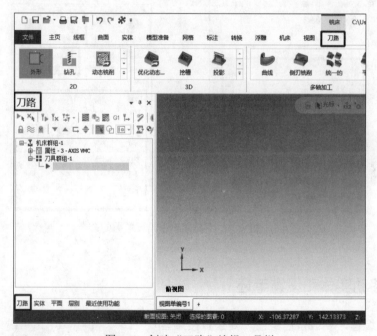

图 4-4　创建"刀路"编辑工具栏

刀路编辑工具栏打开之后就可以对绘图区域的二维或者三维图形进行编程。

4.2　三轴加工模块经常使用的命令

Mastercam 软件的编程分为 2D、3D 和多轴加工。本书主要介绍 2D 和 3D 的编程设置。如图 4-5 所示，在每种刀路下都会有个小三角，单击后会显示下拉菜单，下拉菜单里是全部的编程命令。

图 4-5　编程分为 2D、3D 和多轴加工

如图 4-6 所示，2D 和 3D 加工里画框的命令使用较多，需要掌握并灵活运用。其他几乎不用，了解即可。还有一些命令并没有显示在下拉菜单里，可以右击刀路工具栏空白处选择。

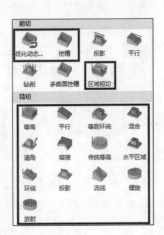

图 4-6　2D、3D 下拉菜单中需要掌握的命令

4.3　转换移动实体和设置毛坯

一般我们编程，要么自己绘图，要么直接拿客户的三维数字化模型编程。客户给的图形有很大概率不是摆放在加工原点的，如图 4-7 所示，工件拿到的时候既不在中心，本身又旋转了一个随意的角度。

一般这类规则图形我们定的编程和加工工艺是 XY 分中、Z 对最高点，需要将图形摆正，并且将原点移动到 XY 中心和工件表面上。具体操作步骤如下：

1）摆正：单击"模型准备"—"分解实体"，单击实体表面，单击 ，可以将左边歪歪斜斜的图

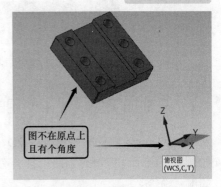

图 4-7　三维图不在原点上且有个角度

形摆正，并且保持的是选择的表面朝上，符合 Z 轴加工位置，如图 4-8 所示。

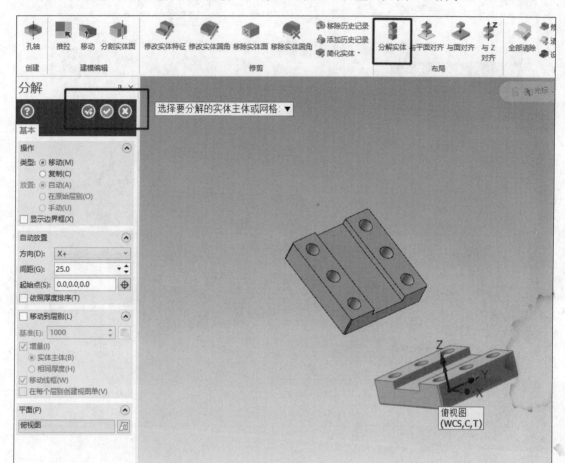

图 4-8　摆正图形

2）如图 4-9 所示，三维图形已经摆正，但是 XY 并不在中心，Z 也不在工件表面，这时需要创建边界框。单击"线框"—"边界框"，单击工件主体，可以获得边到边的线框图，如图 4-10 所示。

3）单击"转换"—"移动到原点"，绘图对话框会弹出"选择平移起点"，此时移动光标到左下角 A 点位置（不要单击鼠标），光标会变成一个绿色"十字"。再移动右上角 B 点位置（不要单击鼠标），光标会变成一个绿色"十

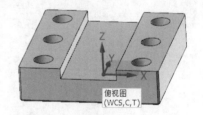

图 4-9　XY 不在中心，Z 也不在工件表面

字"。同时在图形中心位置 C 点会出现红色"十字"，该红色"十字"就是系统为我们寻找到的图形的中心点，XY 在中心且 Z 也在最高的表面。此时单击红色"十字"就可以将图形移动到 XY 分中、Z 在表面的位置，如图 4-11 所示。各位读者也可以试着不绘制边界框直接捕捉左下角和右上角的孔中心，分别出现绿色和红色"十字"，然后操作"移动到原点"的步骤。

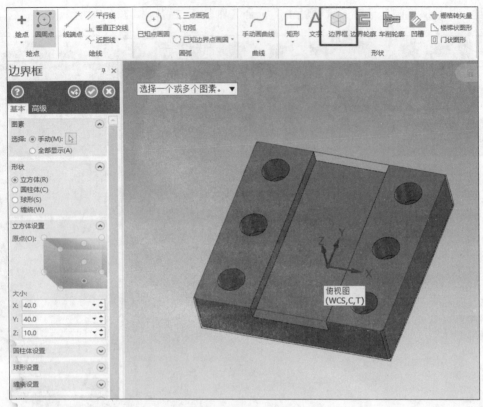

图 4-10　获得边到边线框图

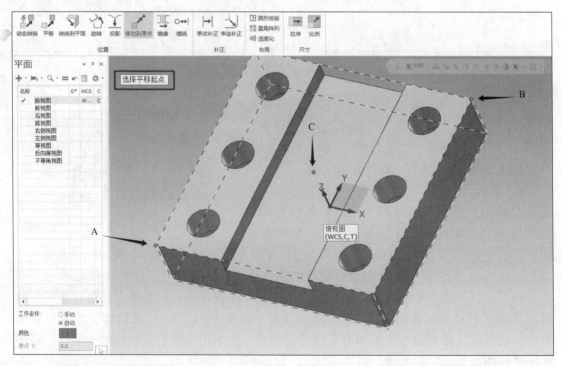

图 4-11　移动光标到左下 A 和右上 B 的位置，捕捉到中心点 C 位置，然后移动原点到 C

如图 4-12 所示，三维图成功地移动到原点中心并且 Z 也在最高点的位置。

图 4-12　图形已经摆正，并移动到原点中心，且 Z 也在最高点

4.4　设置毛坯

实体移动到位置后，接下来得创建毛坯。单击"刀路"工具栏的"毛坯设置"，在弹出的"机床群组属性"对话框中单击"所有实体"，单击 ✓ 确定按钮，自动创建好和三维图一致的毛坯，如图 4-13 所示，方便后续实体的模拟仿真和编程。

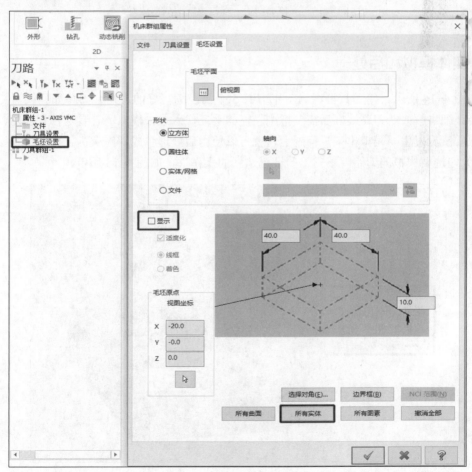

图 4-13　单击"毛坯设置"—"所有实体"

创建好毛坯并单击"显示"，会在原始的三维数字化模型上创建一个红色虚线的线框边界，如图4-14所示。

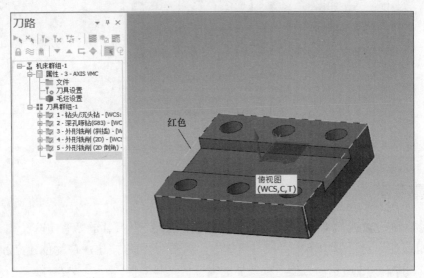

图4-14　实体上创建了红色虚线的线框边界

4.5　实体模拟和后处理

如图4-14所示，"刀具群组-1"下方有5个已经编写好的刀路（刀路如何编写，后面章节会详细讲解）。刀路编好后需要把刚创建的毛坯代入进去模拟，看看是否有过切、碰撞等不正常情况发生。模拟出来没问题后，就可以使用后处理生成程序上机。具体步骤如下：

1）勾选要模拟的刀路，单击"验证已选择的操作"，如图4-15所示。

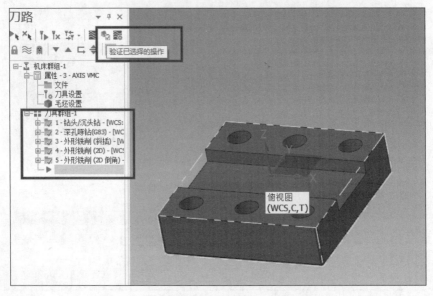

图4-15　勾选刀路，单击"验证已选择的操作"

如图 4-16 所示，单击播放按钮，模拟刀路有没有问题。模拟后并没有发现过切等不正常情况。

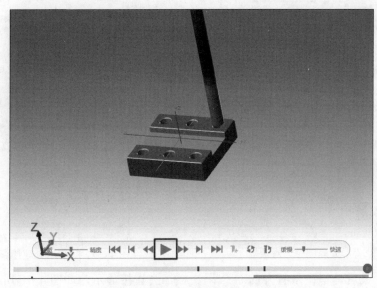

图 4-16 模拟刀路

2）选择要生成程序的刀路，单击"G1"执行选择的操作进行后处理，如图 4-17 所示。

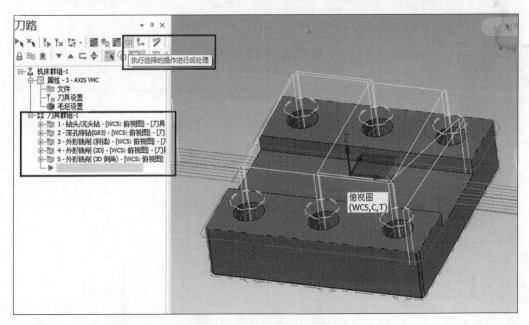

图 4-17 选择刀路进行后处理

此时弹出"后处理程序"对话框，如图 4-18 所示，一般默认"选择后处理"按钮是灰色的，在键盘上同时按 <ALT+SHIFT+CTRL+P> 键可以将其激活，然后如果需要的话可以单击进去选择后处理，选好后单击 ✓ 确定。

3）选择保存的文件夹位置后弹出图 4-19 所示等待后处理计算刀路界面。

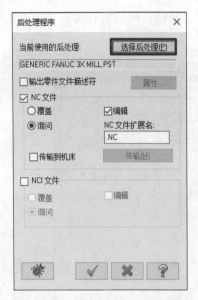

图 4-18 "后处理程序"对话框   图 4-19 等待后处理计算刀路

4）刀路生成后是记事本打开的 G 代码文档，会直接显示，如图 4-20 所示，只需用 U 盘复制到加工中心上就能加工。

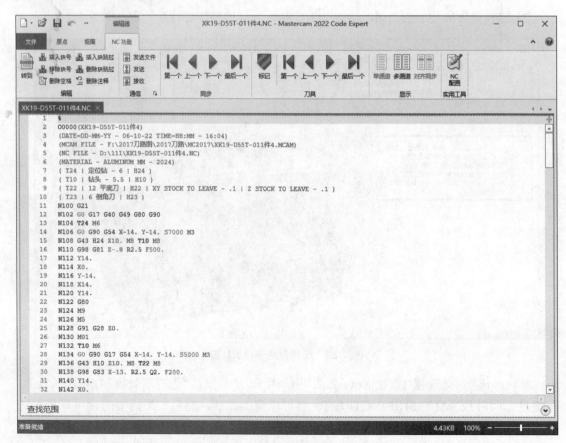

图 4-20 刀路生成后是 G 代码

第❺章 普通 2D 线框编程 >>>

5.1 设置平面铣刀路

一般加工工件第一步是铣面（俗称飞面），就是用面铣刀在工件表面进行横向或者竖向加工，将材料去除。具体的面铣刀路设置如下：

1）单击"刀路"—"面铣"，弹出"线框串连"对话框，选择线框模式，串连，选择边界线，如图 5-1 所示。

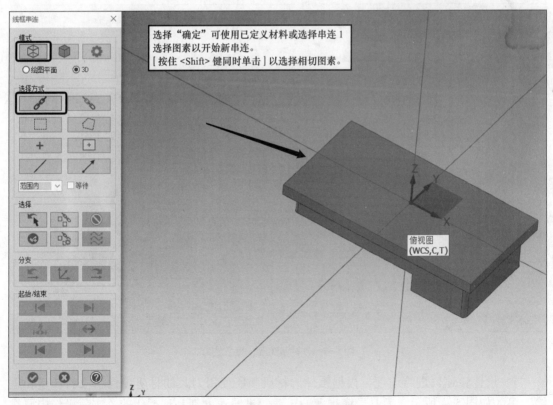

图 5-1 选择线框、串连边界线

2）创建刀具：如图5-2所示，面铣可以选择"平铣刀"，也可以选择"面铣刀"。

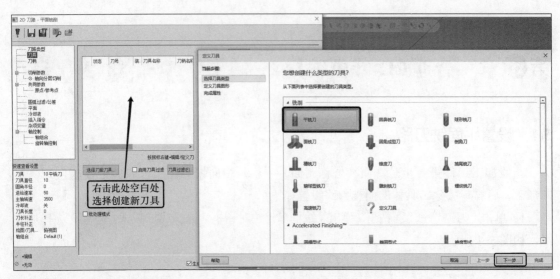

图5-2　创建刀具

进入刀具参数设置界面，设置刀具直径等参数。如图5-3所示，这里创建一把直径为50mm的平铣刀（也可以直接选择 ϕ50mm 的面铣刀，笔者建议创建平铣刀，效果是一样的）。

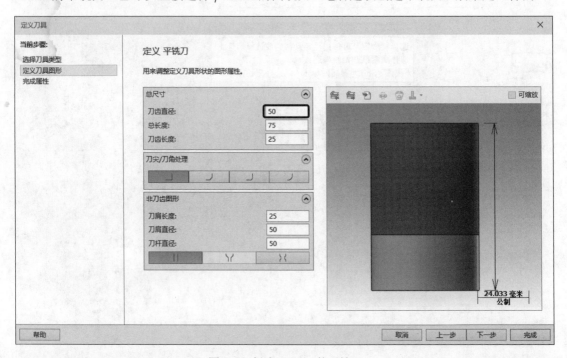

图5-3　创建 ϕ50mm 的平铣刀

3）设置转速、进给速度。根据工件的材质和所使用刀具的材质设置相应的转速和进给速度，如图5-4所示（刀具厂商推荐的转速、进给速度都是理想化的，实际操作中要靠经验）。

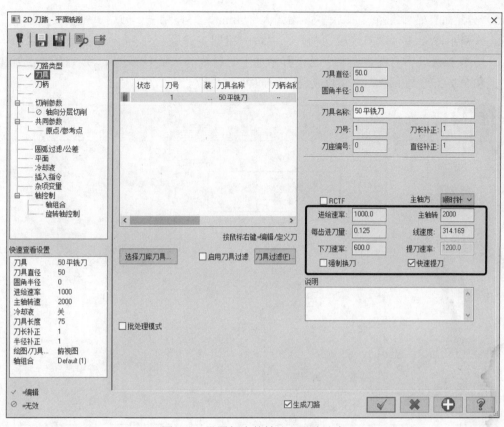

图 5-4　设置相应的转速、进给速度

　　4）设置切削参数：如图 5-5 所示设置各参数。截断方向设 50.0% 表示刀具中心刚好在边界上。右边粗切角度为 0.0，表示水平方向走刀。底面设置预留量 1.0，表示还有 1.0mm 未加工到位。

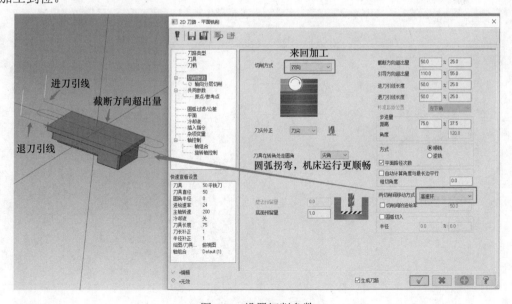

图 5-5　设置切削参数

5）分层加工：如果余量比较多，比如大于 3mm，刀具无法一刀切，则需要分层加工。如图 5-6 所示，勾选"轴向分层切削"，"最大粗切步进量"为 1.0，即设置的是 Z 方向每层向下切削 1mm。下方的"精修"是设置精加工的参数，一般不用设置（现在的产品加工，粗加工和精加工不是一把刀，精修功能了解即可）。

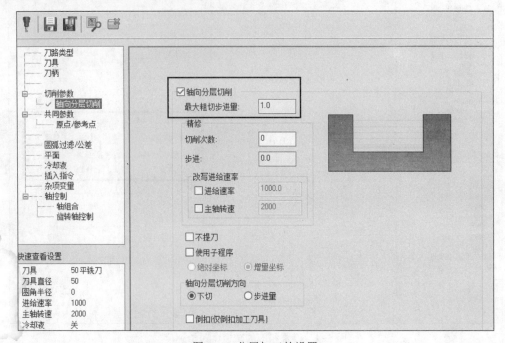

图 5-6 分层加工的设置

6）共同参数设置：如图 5-7 所示设置共同参数，得到上面一共走 4 刀的刀路。安全高度、下刀位置、毛坯顶部的含义在图 5-8 所示的程序代码里——列出。

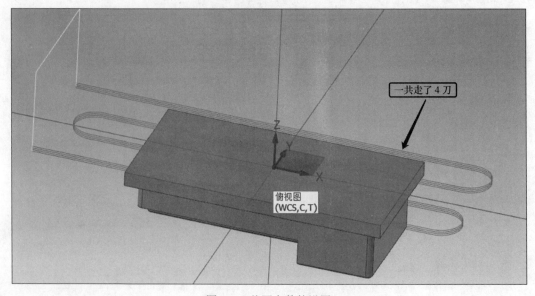

图 5-7 共同参数的设置

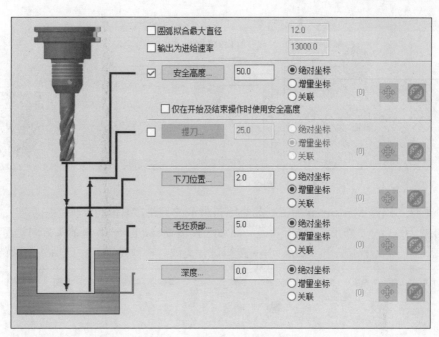

图 5-7　共同参数的设置（续）

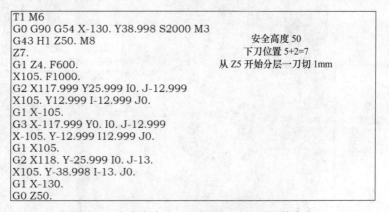

```
T1 M6
G0 G90 G54 X-130. Y38.998 S2000 M3        安全高度 50
G43 H1 Z50. M8                             下刀位置 5+2=7
Z7.                                        从 Z5 开始分层一刀切 1mm
G1 Z4. F600.
X105. F1000.
G2 X117.999 Y25.999 I0. J-12.999
X105. Y12.999 I-12.999 J0.
G1 X-105.
G3 X-117.999 Y0. I0. J-12.999
X-105. Y-12.999 I12.999 J0.
G1 X105.
G2 X118. Y-25.999 I0. J-13.
X105. Y-38.998 I-13. J0.
G1 X-130.
G0 Z50.
```

图 5-8　安全高度、下刀位置、毛坯顶部的含义

图 5-8 中程序代码第 4 行为 Z 7 是因为"毛坯顶部"设置为 5，"下刀位置"是增量 2。增量的意思是当前位置相对偏移，所以 Z=5+2。此处读者好好理解，不理解的就动手改改数值，生成程序出来对比看看。

深度绝对 0 的意思是加工到坐标系 Z0 的位置，刚好我们的坐标系 Z0 的位置又是设置在工件表面，所以此处会加工到 Z0。由于之前在图 5-5 所示的底部留了余量 1mm，所以最终程序出来也是到 Z1 结束。

到此，一个完整的铣面程序就编好，后续只需后处理出来上机。

5.2　顺铣与逆铣区分和外形铣刀路生成步骤

关于顺铣和逆铣，机械加工里一般是顺铣优于逆铣。如图 5-9 所示，刀具在工件的左边往前加工，称为"顺铣"。

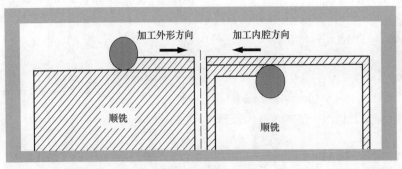

图 5-9　顺铣

　　2D 外形铣刀路是 Mastercam 加工产品类用得最多的刀路，编程的步骤是先串连，如图 5-10 所示，单击"刀路"—"外形"，选择串连，然后选择边界线，图 5-10 里箭头方向是刀具运行的方向，是错的，需要单击左下方的反向 ⟷ 按钮进行更改，不改是逆铣，改后才是顺铣。

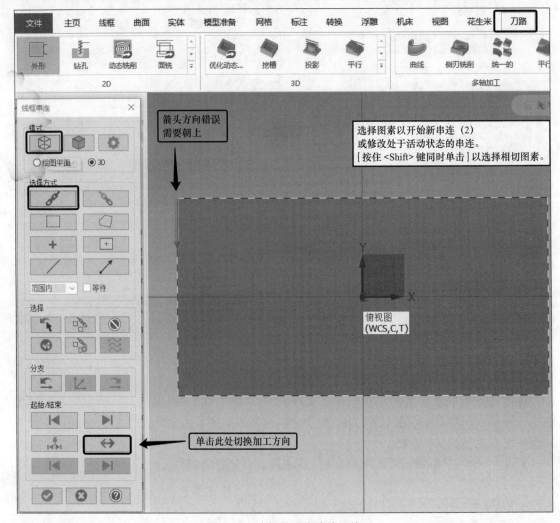

图 5-10　选择外形串连边界线

　　外形铣刀路选择刀具的步骤和面铣一样，后续设置切削参数和共同参数即可。

5.3　共同参数设置中绝对和增量坐标的区别

如图 5-11 所示，共同参数的各项数据里有绝对坐标和增量坐标之分，很多读者对这两个参数分不清。

1）绝对坐标：从机床坐标系位置计算 Z 轴坐标数据，三轴编程用得比较多。

2）增量坐标：从当前所选择的边界线框位置开始计算 Z 轴坐标数据，多轴编程用得比较多。

如图 5-11 所示的毛坯顶部绝对坐标 2.0 和深度增量坐标 0.0，程序会从 Z2.0 位置加工到 Z0.0，这和铣面的计算是一样的。共同参数里的"深度"位置决定程序最终加工的 Z 数值，我们选择串连的线框是工件表面的边界线，工件表面又是我们设置的 G54 坐标系的 Z0.0，所以最终后处理出来的程序是 Z0.0。

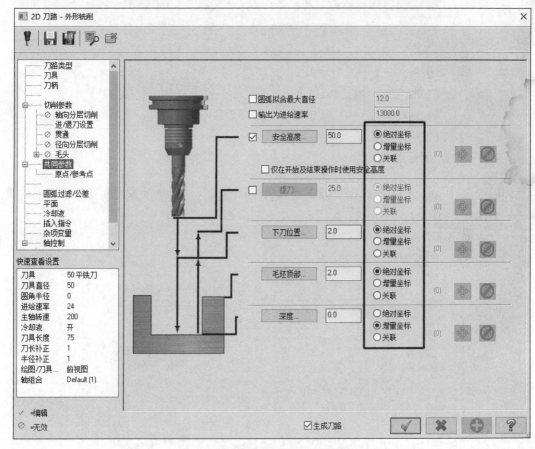

图 5-11　绝对坐标和增量坐标

如果串连线框的位置如图 5-12 所示，是串连的下方边界，厚度是 8mm，共同参数是图 5-11 所示的增量坐标 0.0，那么后处理出来的最终 Z 数值是 -8。读者如果还是不太明白的话，建议可以将增量坐标的数字做更改，然后分别生出程序来做比较，这个知识点非常重要，希望读者重视并学会。

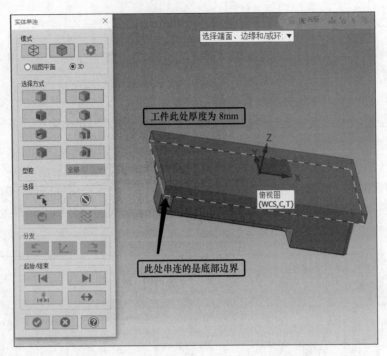

图 5-12　串连下方边界

5.4　外形铣常用切削参数

　　如图 5-13 所示，外形铣切削参数主要设置补正方式、外形铣削方式和壁边、底面预留量（俗称余量）。

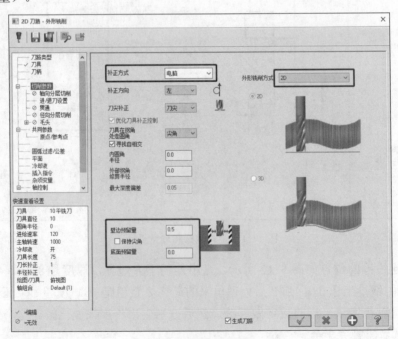

图 5-13　外形铣削切削参数

补正有两处,一是外形 XY 方向补正,二是 Z 轴刀尖方向补正。如图 5-14 所示,"补正方式"是 XY 方向的外形补正,"刀尖补正"是 Z 方向补正。

1)单击"补正方式"下拉箭头可以看到 5 种方式,外形铣一般能用到的就是默认的"电脑"和"磨损","电脑"方式就是不做更改,图形是什么样子加工出来就是什么样子,"磨损"方式是和机床 G42/G43 配合调整外形尺寸的,后续会详细讲解。

2)单击"刀尖补正"可以看到"中心""刀尖"两种方式,一般只用"刀尖","中心"是用球头铣刀加工外形的时候使 Z 轴全部加工到位做的补正。

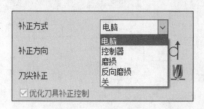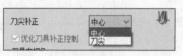

图 5-14　外形的 5 种补正方式和刀尖两种补正方式

单击"外形铣削方式"的下拉箭头,如图 5-15 所示,会出现 2D 加工的 5 种方式和 3D 加工的 3 种方式。当选择的线框或者实体边界是在一个 XY 平面上时,单击下拉箭头弹出的是 2D 方式。如果选择的线或边界不在一个 XY 平面,而是 3D 的线或边界,单击下拉箭头弹出的是 3D 方式。有时图形转换的过程中会出现误差,导致明明需要的是 2D 线,串连出来却是 3D 的,导致无法做 2D 编程。那就需要用"转换"里的"投影"命令,将线投影到一个 Z 坐标平面上,这时就可以做 2D 编程了。外形铣削方式里各项内容后续会进行详细讲解。

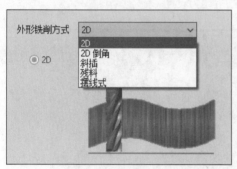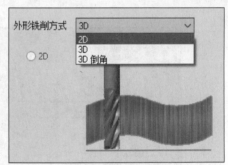

图 5-15　外形铣削方式有 2D 和 3D 两种

在外形铣削切削参数对话框下方有个预留量的设置选项,具体分为"壁边预留量"和"底面预留量",可以单独对产品的侧壁和底面进行余量的设置。

5.5　外形铣进 / 退刀设置

在进行外形铣加工时,需要设置进 / 退刀,圆弧进 / 退刀是比较常用的。设置方法如下:

1)常规进 / 退刀设置:单击"进 / 退刀设置",长度和圆弧都设置相应的数值,如图 5-16 所示。

此处设置的进刀圆弧半径是 R2mm,直线引导线也是 2mm,退刀是直接复制的进刀设置,进 / 退刀接刀处设置的"重叠量"是 1,生成的刀路如图 5-17 所示。此处即使长度设置为 0 也是可以的,生成的刀路没有直线的那一段。

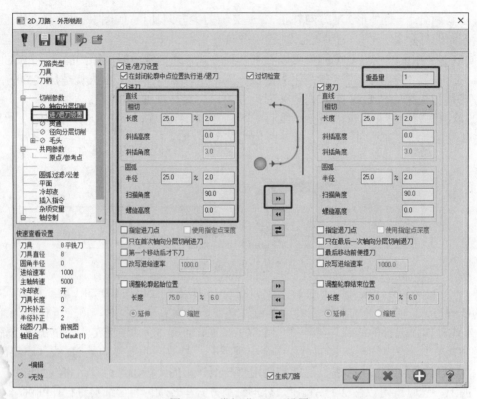

图 5-16　常规进/退刀设置

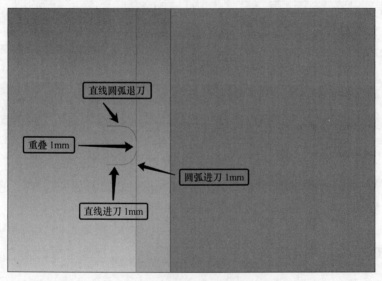

图 5-17　圆弧进/退刀生成的刀路

　　2）指定点进/退刀设置：有时候我们需要指定进刀点和退刀点，常用在铣圆的加工上。如图 5-18 所示，已经使用外形铣的命令将铣圆的程序编好，后续需要指定在圆心点进/退刀，需要串连指定一个点。然后勾选"指定进刀点""指定退刀点"，如图 5-19 所示。

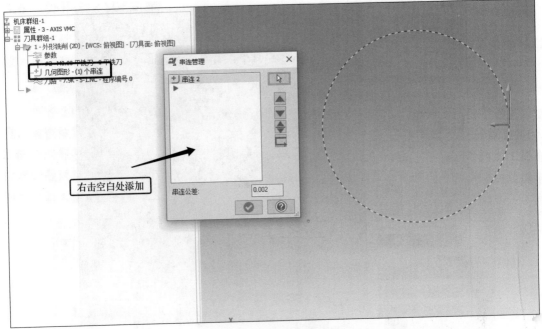

图 5-18　串连指定一个点

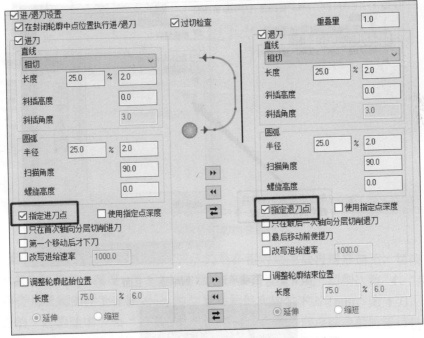

图 5-19　勾选"指定进刀点"和"指定退刀点"

串连的时候选择点方式，选择圆心点，如图 5-20 所示。

串连之后在串连列表里把串连点 3 拖动到串连 2 上面，重新计算刀路，如图 5-21 所示。

这时刀路就从圆心点进刀并退刀，如图 5-22 所示。

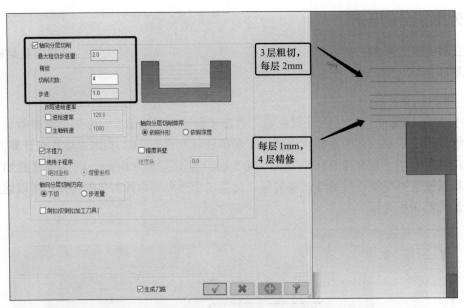

图 5-24　粗切和精修刀路区别

2．径向分层设置

XY 方向的分层在径向分层里，如图 5-25 所示。和 Z 轴分层一样，它也分粗切和精修，从右边的配图也可以判断出它的作用是在 XY 方向不能一刀切的时候用于设置分层加工。径向分层切削的应用场景有两处，一是粗加工的时候分几刀，二是精修的时候可以精走几次刀来校准尺寸。其参数的设置和轴向分层的设置是一样的。

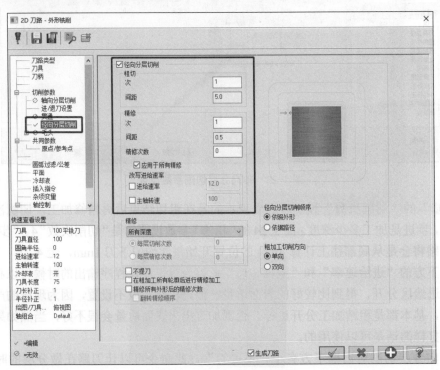

图 5-25　径向分层切削设置

5.7　斜插刀路设置

斜插刀路是 2D 外形铣编程方法里用得比较多，效率也相对较高，通常用在工件的轮廓加工上。它的优势在于没有提刀，一直处于加工的切削状态。例如需要加工一个 $\phi20$mm 的圆，直接用 $\phi10$mm 的铣刀就可以斜插螺旋加工出来。如图 5-26 所示，在切削参数对话框里选择"外形铣削方式"为"斜插"，"斜插方式"有"角度""深度"和"垂直进刀"3 种。

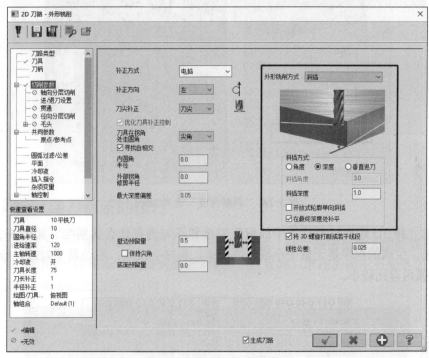

图 5-26　斜插刀路设置界面

1）加工孔类零件要想螺旋下刀就使用"角度"或者"深度"，"角度"表示走一圈刀路按照指定角度螺旋下刀。如图 5-27 所示"斜插角度"设为 3.0°，刀路是 Z 轴方向往下一圈走 3.0°。

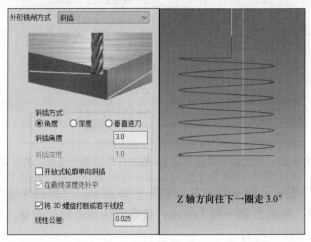

图 5-27　斜插角度为 3.0°

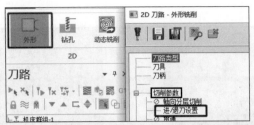

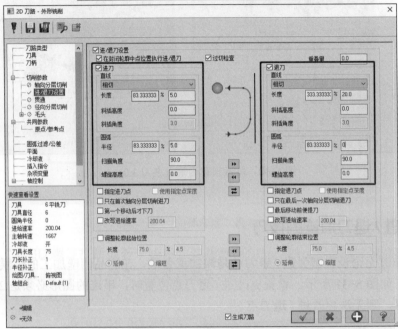

图 5-32　"退刀"的圆弧设置为 0，长度加长一些

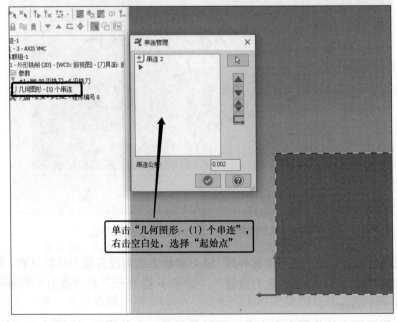

图 5-33　设置进刀点的位置在左上角

单击动态移动按钮，滑动鼠标，使指针远离顶部端点一点距离，如图 5-34 所示，然后单击 按钮。若之前串连的是实体边界，则动态移动按钮为灰色，无法使用。所以必须串连 2D 线框。

图 5-34　单击动态移动按钮，滑动鼠标，使指针往后离端点有一点距离

这时圆弧切入进去加工一圈后会有一条相切的直线刀路生成，如图 5-35 所示，这样能保证产品的侧边没有接刀痕。

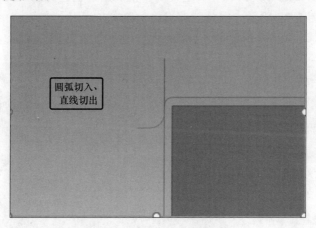

图 5-35　圆弧切入、直线切出

5.9　残料刀路的设置

在加工工件时一般使用直径大的刀具进行粗加工，后续用小一点的刀具进行精加工。大刀加工圆弧角留下的 R 角，如直接用小刀加工可能会余量较大无法一刀加工下来，所以需要做二粗加工，这步二粗也被称为残料加工。2D 外形铣里专门有个残料刀路。如图 5-36 所示，粗加工是用 ϕ12mm 铣刀加工拐角 R3mm 的圆弧，会留下 3mm 的残料未加工到位，所以需要另外设置一把刀具进行针对性的清根操作。

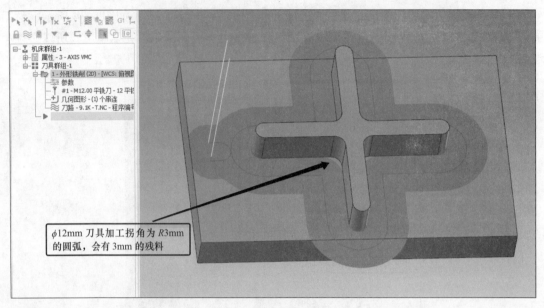

图 5-36　R3mm 圆弧粗加工无法一步到位

　　如图 5-37 所示，加工 R3mm 的圆弧拐角，选择比 R3mm 小的铣刀。这里设置为 φ5mm 的铣刀。单击"切削参数"—"残料"，设置"外形铣削方式"为"残料"，"粗切刀具"设置为粗切使用的 φ12.0mm 铣刀，"安全距离"指的是延长进刀线的长度距离。

　　生成的刀路如图 5-38 所示，拐角能够直接加工到位。此处如果余量比较大，有必要的话需要设置 XY 分层，并且要留余量。后续精加工直接加工外形，保证表面无接刀痕。

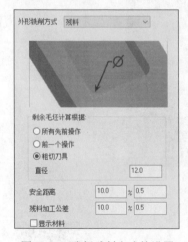

图 5-37　选择残料方式的设置

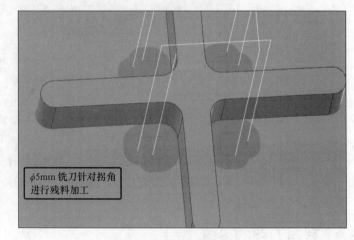

图 5-38　生成的残料刀路

5.10　2D 倒角刀路的设置

　　如图 5-39 所示，我们需要将左边图形加工完毕之后再倒角加工得到右边图形。具体操作如下：

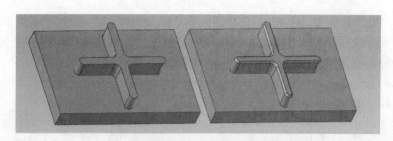

图 5-39　左边无倒角加工成右边有倒角的样子

1）选择 2D 外形串连图形，选择上方实体边界，如图 5-40 所示。

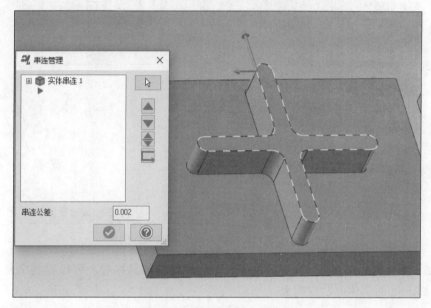

图 5-40　选择上方的实体边界

2）刀具选择倒角刀或者定心钻，设置倒角刀时，要将"刀尖直径"改为 0，如图 5-41 所示。

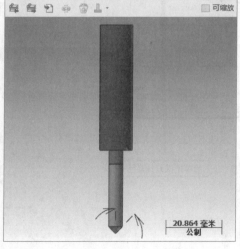

图 5-41　选择外径为 5mm 的倒角刀

3）设置"外形铣削方式"为"2D倒角"，"倒角宽度"为1.0，"底部偏移"为1.0，如图5-42所示。这样2D外形编写的倒角程序就编好了，倒角宽度可以控制倒角的大小。读者要注意的是，底部偏移的数值要配合好，否则会报警。

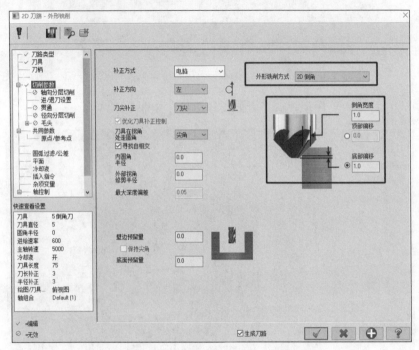

图5-42　设置"外形铣削方式"为"2D倒角"

4）如图5-43所示，程序编好后，可以简单地模拟刀具路径，可以看到倒角刀切削刃口刚好和C1mm的实体面贴合起来。

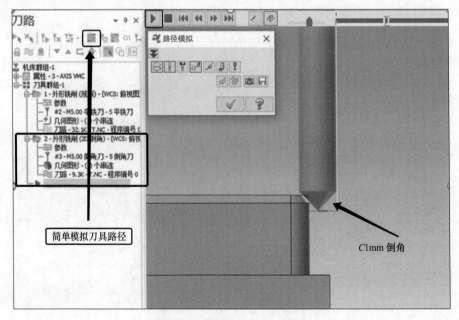

图5-43　刚好和C1mm面贴合

5.11　半径补偿 G41/G42 的设置

在产品加工里经常需要保证产品的宽度或者直径公差，这就需要在铣外形的时候加入 G41 或 G42 的直径方向补偿。如需程序后处理生成 G41/G42，可在外形铣刀路里设置"补正方式"为"磨损"。如图 5-44 所示，"补正方式"选择"磨损"，"补正方向"设置"左"或者"右"会影响输出的程序是 G41 还是 G42，G41 是左补偿，G42 是右补偿。"磨损"配合补正方向"左"是 G41，如果"补正方式"选择"反向磨损"，则配合补正方向"左"输出的是 G42。

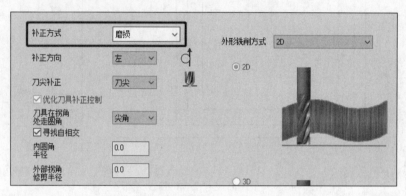

图 5-44　外形铣加磨损可以获得 G41/G42 输出

程序里输出 G41 后，机床设置里刀具直径补偿的数值越大，多去除掉的材料越少。比如直径补偿输入 1，那会少切削 1mm，反之输入 -1，则会多切削 1mm。如用 φ10mm 铣刀加工一个 φ20mm+（0.01～0.03）mm 的孔，后处理之后的程序如图 5-45 所示，有 G41 D1。加工完之后测量是整 20mm，那需要单边调整 0.01mm 才能得到 +0.02mm 的尺寸，程序是 G41 的话则需要在机床的直径补偿"D1"里面输入 -0.01，就会多切削掉单边 0.01mm 的材料，从而得到 +0.02mm 的结果。

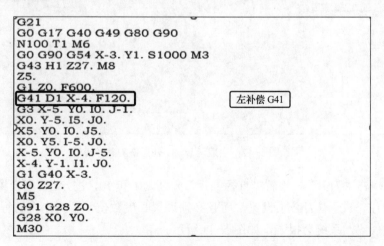

图 5-45　φ10mm 铣刀加工 φ20mm 的孔

还有一种情况就是一个产品的精尺寸有 2 个公差带，如图 5-46 所示，尺寸 72 和 88 的公差带不一样，所以不能直接用一个直径补偿来保证。所以单纯地输出一个 D1 是无法控制准确的公差，需要多添加一个补偿。

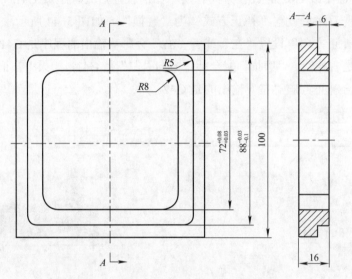

图 5-46　一个产品尺寸 72 和 88 公差带不一致

如图 5-47 所示，分别编写两步 2D 外形铣的刀路，补正方式全部是左补偿和磨损。

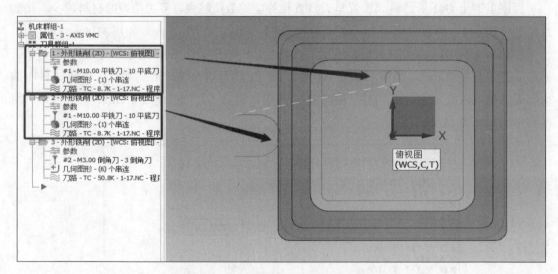

图 5-47　生成两步 2D 外形铣刀路

在参数里单击"刀具"，设置"直径补正"分别为 1 和 10，进 / 退刀里设置长度和圆弧。这里一定要记住，进 / 退刀必须设置，而且必须设置长度数值，否则出来的程序 G41 D1 后面直接是圆弧代码，系统会报警，如图 5-48 所示。

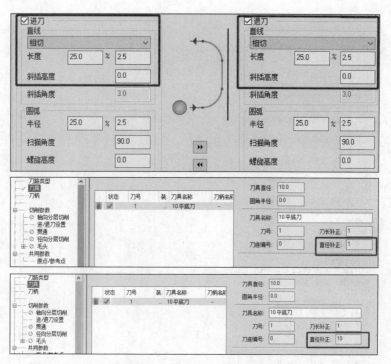

图 5-48　进 / 退刀设置好，两步刀路分别设置直径补偿为 1 和 10

注意：

　　和 G41/G42 在同一行代码里不能有 G2、G3 或者 IJK，只能是直线程序 G1 走刀，否则系统报警。很多读者遇到报警不知道怎么处理，可将进 / 退刀加上，把"直线"中的"长度"设置数值，如图 5-49 所示。后处理之后得到如图 5-50 所示的程序，同一把刀生出 2 个 G41 D，D 的值是 1 和 10。并且在 G41 的当前行里只是走的直线 X 或者 Y，没有任何的圆弧程序输出。

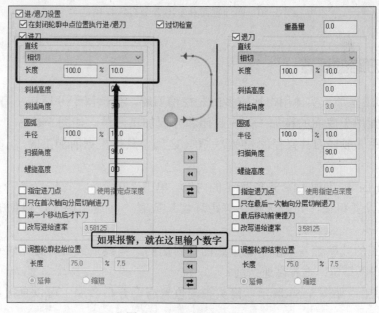

图 5-49　遇到报警的处理

```
G21
G0 G17 G40 G49 G80 G90
N100 T1 M6
G0 G90 G54 X-69. Y-10. S1000 M3
G43 H1 Z22. M8
Z0.
G1 Z-5. F600.
G41 D1 X-59. F120.
G3 X-49. Y0. I0. J10.
G1 Y39.
G2 X-39. Y49. I10. J0.
G1 X39.
G2 X49. Y39. I0. J-10.
G1 Y-39.
G2 X39. Y-49. I-10. J0.
G1 X-39.
G2 X-49. Y-39. I0. J10.
G1 Y0.
G3 X-59. Y10. I-10. J0.
G1 G40 X-69.
G0 Z22.
M5
G91 G28 Z0.
M01
N102 T1 M6
G0 G90 G17 G54 X3. Y25. S1000 M3
G43 H1 Z12. M8
Z-10.
G1 Z-15. F600.
G41 D10 Y28. F120.
G3 X0. Y31. I-3. J0.
G1 X-28.
G3 X-31. Y28. I0. J-3.
G1 Y-28.
G3 X-28. Y-31. I3. J0.
G1 X28.
G3 X31. Y-28. I0. J3.
G1 Y28.
G3 X28. Y31. I-3. J0.
G1 X0.
G3 X-3. Y28. I0. J-3.
G1 G40 Y25.
G0 Z12.
M5
G91 G28 Z0.
G28 X0. Y0.
M30
```

图 5-50 同一把刀具生出 2 个 G41 D 值

5.12 挖槽刀路的设置

2D 线框加工里加工实体用得比较多的是挖槽刀路，挖槽属于分层加工的一种，也能用于底面的精加工，有封闭和开放加工两种。如图 5-51 所示，切削间距一般在刀具直径的 65% ～ 70% 之间，具体根据所加工的材料来定。

1）封闭加工：如果加工图 5-47 所示的内框，单击"2D"—"挖槽"，切削参数里面设置粗切，一般选择"等距环切"或者"高速切削"，得到的刀路结果如图 5-52 所示。

这两种加工的效率都差不多，如果底面是封闭的，需要最终哪种刀路轨迹就得去询问客户。如果客户不指定，推荐高速切削。

2）开放加工：如图 5-53 所示，箭头指向位置有个开口，加工可以直接从外部下刀，防止踩刀。

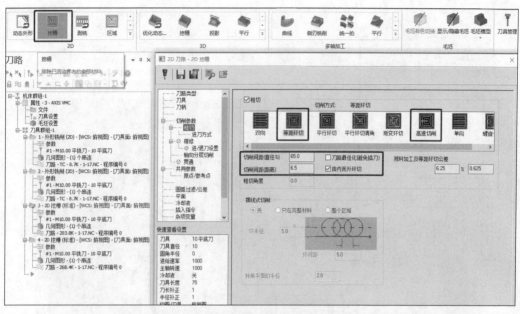

图 5-51　挖槽参数设置

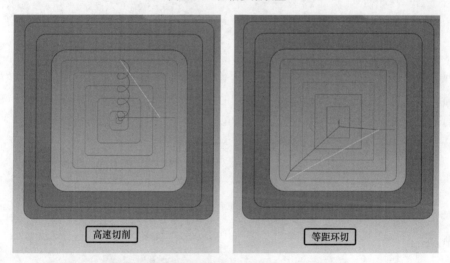

图 5-52　两种常用切削方式得到的刀路轨迹

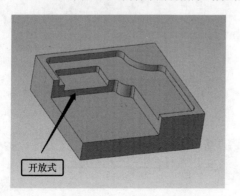

图 5-53　开放式可以方便刀具从外部下刀

单击"2D"的"挖槽",选择边缘串连内部边界,如图5-54所示,然后单击 ✓ 按钮。

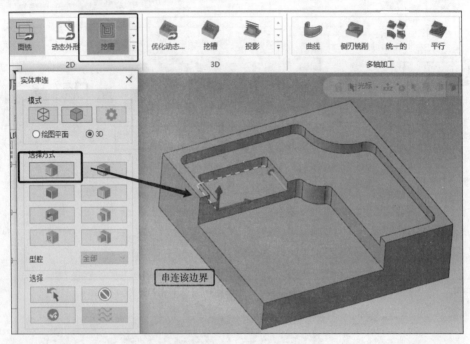

图5-54　选择内部边界线

切削参数设置"挖槽加工方式"为"开放式挖槽",设置重叠量,再勾选"使用开放轮廓切削方式"即可,如图5-55所示。得到的刀路就是从外部下刀加工的刀路,可以很明显地看到下刀位置是在图形外面,不会损伤刀具,如图5-56所示。

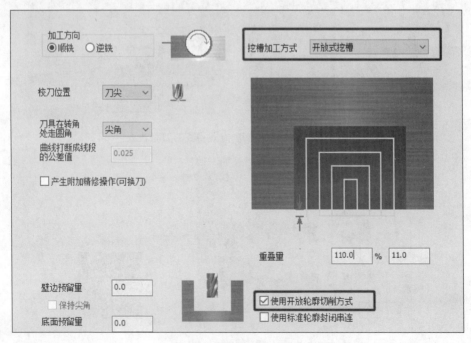

图5-55　选择开放式挖槽

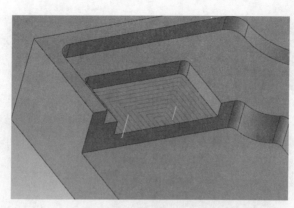

图 5-56 开放式挖槽刀路

以上看到的是最后一刀加工底面的刀路，将轴向分层打开，然后设置好加工深度从第 2 处台阶开始到底部结束，就能编粗加工的分层刀路，如图 5-57 所示。

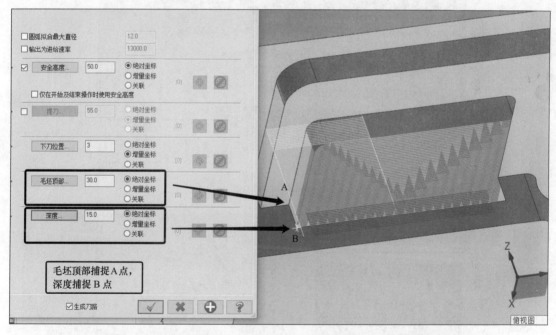

图 5-57 轴向分层和加工深度的设置能形成分层切削的粗加工刀路

5.13 开放区域加工工艺的制定

如图 5-58 所示，底部有两处是开放的，要做加工的话工艺如何制定？直接使用上面一节的开放式挖槽不行，直接在工件上下刀加工可以是可以，但是我们也不愿意看到。那就需要通过绘制辅助线的方法来达到在工件外部下刀的目的。

我们绘制相应的半包围结构的辅助线，如图 5-59 所示，仅留一个开口让软件计算出开放式轮廓程序，然后直接串连所绘制的辅助线即可达到从工件外部下刀，而且全部切削到位的目的，如图 5-60 所示。

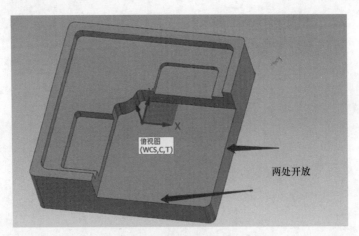

图 5-58 底面有两处是开放的

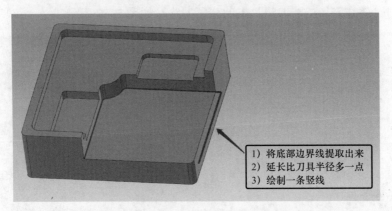

1) 将底部边界线提取出来
2) 延长比刀具半径多一点
3) 绘制一条竖线

图 5-59 绘制半包围结构的辅助线

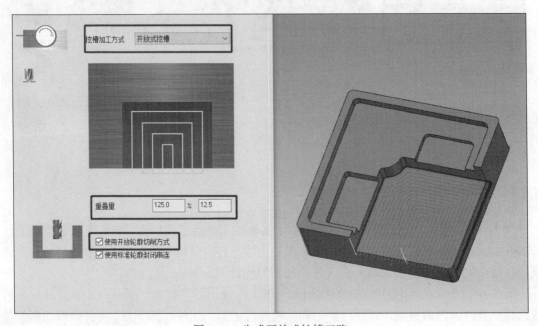

图 5-60 生成开放式挖槽刀路

第❻章　孔加工

6.1　钻孔循环 G99 和 G98 的区别

钻孔循环是孔加工里比较常见，也是必须要学会的知识。一般钻孔的工艺是用定心钻打点（也有的地方叫点眼），然后钻孔，如果孔精度高则需要镗孔或者铰孔。如图 6-1 所示，工件上有很多 $\phi 10mm$ 的孔，我们首先编写打点程序。

1）单击"2D"—"钻孔"，弹出刀路孔定义界面，提示选择一个或多个图素添加到列表中，如图 6-2 所示。

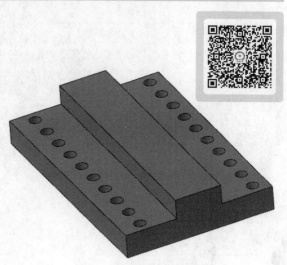

图 6-1　钻 20×ϕ10mm 孔

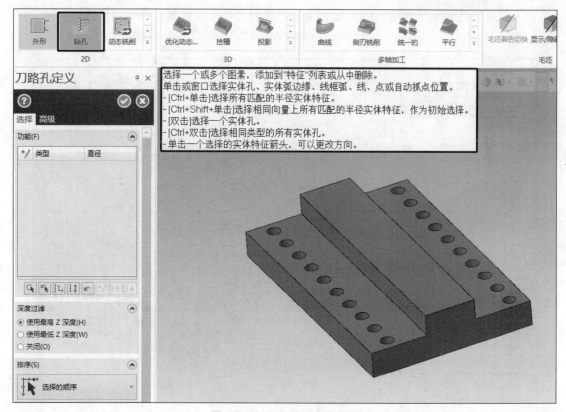

图 6-2　打开刀路孔定义界面

2）因为孔的大小一样，可以直接按住键盘上的 <Ctrl> 键然后单击孔壁上端，将所有同样大小的孔全部选取，如图 6-3 所示。

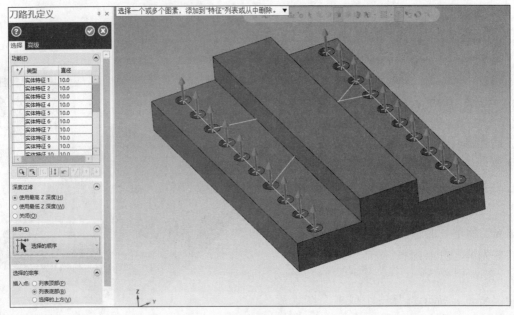

图 6-3　选取孔

3）现在钻孔的顺序是随机的，毫无章法，我们需要排序设置。单击"选择的顺序"，选择"点到点"，选择起始点，计算机会根据点挨着点的顺序进行排序，如图 6-4 所示。

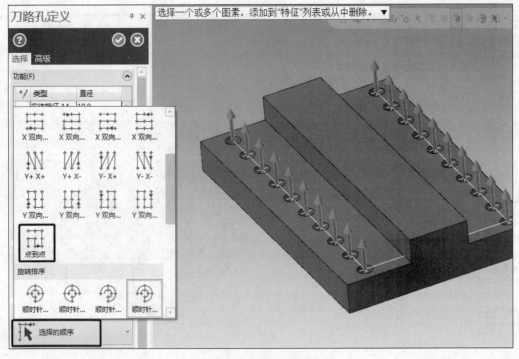

图 6-4　点到点排序

4）选择合适的刀具，这里选择 ϕ6mm 倒角刀，如图 6-5 所示，设置刀具外径和刀尖直径（可以设置为 0）。

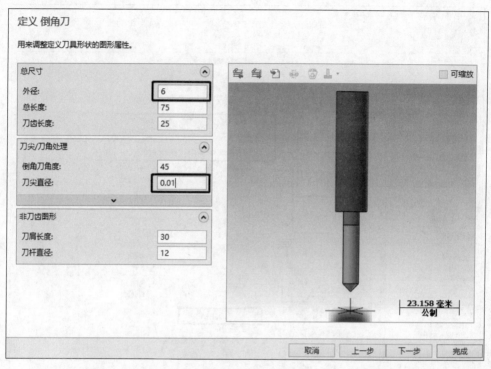

图 6-5 选择 ϕ6mm 倒角刀

5）选择切削参数。钻孔循环的下拉列表选项有好多，可以自行定义。一般使用钻头 / 沉头钻、深孔啄钻（G83）、攻牙（G84）、Bore#1（feed-out）。这里选择第 1 个"钻头 / 沉头钻"，如图 6-6 所示。此时暂停时间输入 2，生成的程序为 G82 P2.，表示钻头在加工结束的时候暂停 2s（G82 P2. 应用场景后续会讲）。

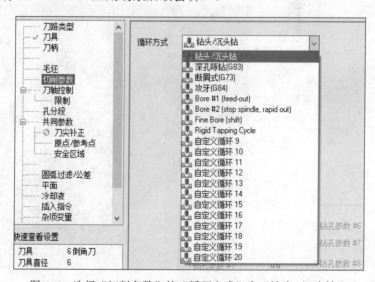

图 6-6 选择"切削参数"的"循环方式"为"钻头 / 沉头钻"

6）共同参数设置如图 6-7 所示，勾选"安全高度"，输入 50，单击"绝对坐标"，不勾选"仅在开始及结束操作时使用安全高度"，勾选"从线/孔顶部计算深度"。

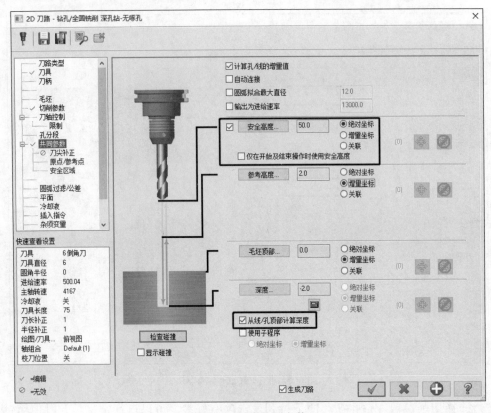

图 6-7　设置共同参数

7）生成的刀路如图 6-8 所示，由于"共同参数"设置的"安全高度"是"50.0"，所以是加工第 1 个孔后提刀到 50.0mm 的位置再重新定位到第 2 个孔继续钻孔，如此循环。

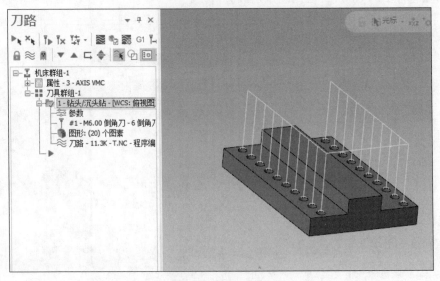

图 6-8　生成的刀路

8）单击"G1"后处理，生成 NC 程序，如图 6-9 所示。

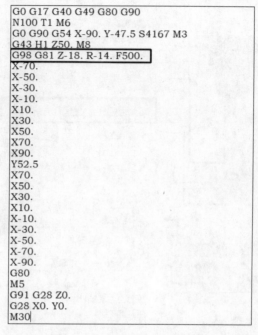

```
G0 G17 G40 G49 G80 G90
N100 T1 M6
G0 G90 G54 X-90. Y-47.5 S4167 M3
G43 H1 Z50. M8
G98 G81 Z-18. R-14. F500.
X-70.
X-50.
X-30.
X-10.
X10.
X30.
X50.
X70.
X90.
Y52.5
X70.
X50.
X30.
X10.
X-10.
X-30.
X-50.
X-70.
X-90.
G80
M5
G91 G28 Z0.
G28 X0. Y0.
M30
```

图 6-9　后处理出来的 NC 程序

这个程序出来是 G98 的，程序提刀移动都在 Z50 的位置。

G98 G81 Z-18. R-14. F500 的含义分别为：

G81：钻孔循环；

Z-18：钻孔最终深度为绝对值 -18mm；

R-14：G0 速度定位到 Z-14 位置；

F500：按照 F500 速度钻孔。

9）再次设置共同参数，勾选"仅在开始及结束操作时使用安全高度"，生成刀路，如图 6-10 所示，除了下面直接从中间连过去外，其他还是挺好的。

10）单击"G1"后处理，生成程序，如图 6-11 所示，是 G99 的循环。由此可以看出，G98 的循环是返回提刀高度，G99 的循环是返回 R 点的高度。知道区别后就可以有针对性的使用，以满足各种提刀需求的场景。

如何来解决图 6-10 中从中间连过去的问题呢？

找到刀路是勾选"仅在开始及结束操作时使用安全高度"的程序，单击刀路图素，找到需要增加提刀高度的起始孔，右击，选择"更改点参数"，如图 6-12 所示。

设置"跳跃高度"为 10.0，如图 6-13 所示。

再重新计算刀路就可以得到图 6-14 所示的单独孔提刀刀路。

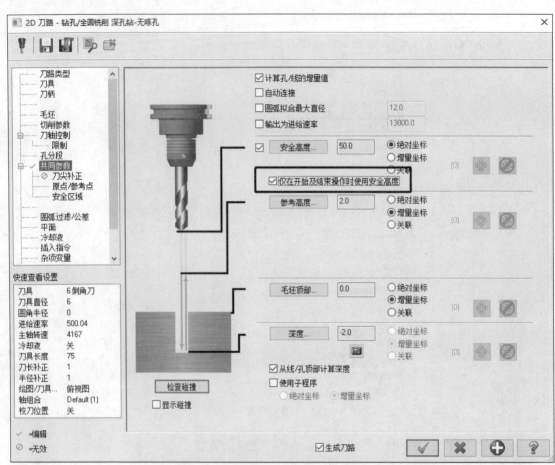

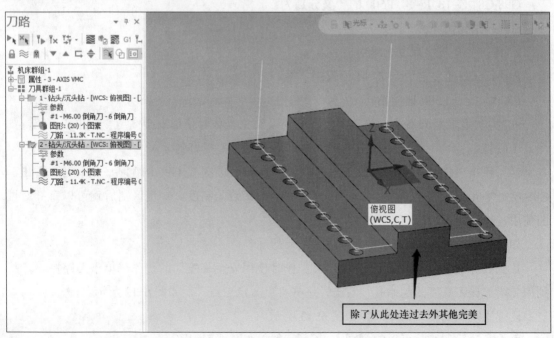

图 6-10 勾选"仅在开始及结束操作时使用安全高度"及生成的刀路

```
G0 G90 G54 X-90. Y-47.5 S4167 M3
G43 H1 Z50. M8
Z-14.
G99 G81 Z-18. R-14. F500.
X-70.
X-50.
X-30.
X-10.
X10.
X30.
X50.
X70.
X90.
Y52.5
X70.
X50.
X30.
X10.
X-10.
X-30.
X-50.
X-70.
X-90.
G80
Z50.
M5
G91 G28 Z0.
G28 X0. Y0.
M30
```

图 6-11   后处理出来程序是 G99

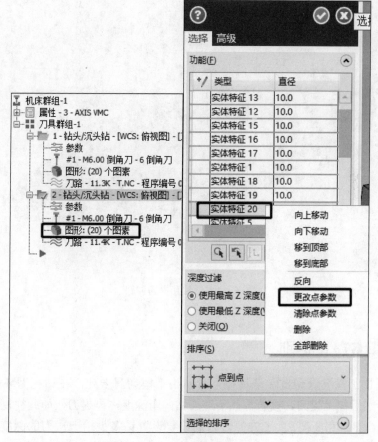

图 6-12   选择"更改点参数"

图 6-13 设置"跳跃高度"为 10.0

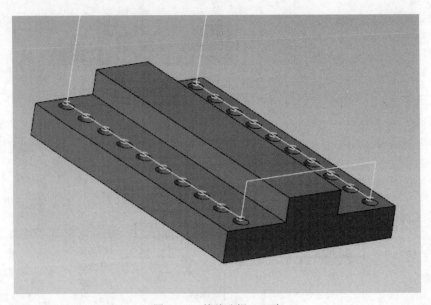

图 6-14 单独孔提刀刀路

6.2 G83 和 G73 的区别

为了保证加工深孔（超过 3 倍直径）时钻头不被切屑卡死，在钻孔循环里有一个往下钻一个深度，然后往上提刀，接着再往下继续钻一个深度，再提刀，如此往复的命令，分别是深孔啄钻（G83）和断屑式（G73），它们需要设置钻多少抬一次刀的深度"Peck"，如图 6-15 所示。

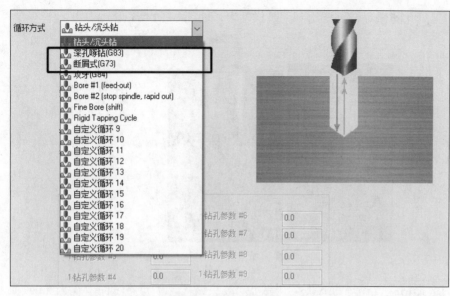

图 6-15　G83 和 G73

G83 和 G73 生成的程序代码格式为：G83 Z_ R_ Q_ F_ 和 G73 Z_ R_ Q_ F_，比其他孔加工循环多了个 Q 数值。

1）深孔啄钻（G83）是每往下钻一个 Q 值然后退刀到 R 点，这样钻孔方式更加容易将碎屑排出孔。

2）断屑式（G73）是每往下钻一个 Q 值然后原地主轴往上抬一点（看机床系统参数，一般 0.5mm 左右），然后继续往下钻，仅仅做到断屑而已，无法将碎屑排出孔外。

6.3　孔口倒角的计算和沉孔加工的应用场景

一般在钻孔加工前需要先拿中心钻（或定心钻）预钻一个导向孔，深度为 1～1.5mm。条件合适也会在钻孔的时候先将孔口的倒角做到位，例如 ϕ10mm 的孔，图样要求倒角为 C0.5mm，可以直接使用 ϕ12mm 的定心钻直接钻深度为 5.5mm 的孔。图样 C 角表示什么意思，如何保证呢？如图 6-16 所示，C0.6 表示的是 0.6mm 的直角边且是 45°。如果拿 ϕ12mm 的 90° 定心钻钻 C0.6mm，倒角深度只需将孔的半径计算进去，即 5mm+0.6mm=5.6mm，意思是到达 –5mm 的时候定心钻再往下 0.6mm。如果是 C0.3mm，那钻孔深度为 5.3mm。

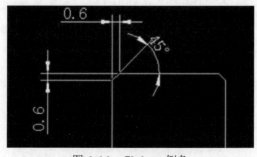

图 6-16　C0.6mm 倒角

有时会遇到加工沉孔的情况，需要用到"阶梯钻"，如图 6-17 所示。

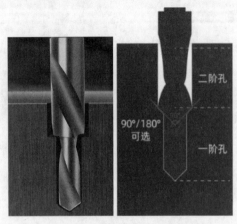

图 6-17　阶梯钻加工沉孔

在编程里我们选择钻孔"循环方式"为"钻头 / 沉头钻"，"暂停时间"设为 2.0，如图 6-18 所示。

图 6-18　选择"循环方式"为"钻头 / 沉头钻"，设置"暂停时间"为 2.0

这时后处理生成的程序就是 G82…P2.，如图 6-19 所示，P2 代表的是暂停 2s，需要和 G82 一起执行。G82…P 后数值不能随便设置。一般 G82…P 的应用场景是锪孔。锪孔的要求是刀具停留一圈半，所以 G82…P 有公式可以计算，公式为 P=1.5×60000/ 转速。例如转速为 2000r/min，则 P=1.5×60000/2000=45。这个 45 的单位是 ms，如果后处理出来是 G82…P45，则需要手动将 P45 后面的小数点删除。

```
N100 T1 M6
G0 G90 G54 X-90. Y-47.5 S1000 M3
G43 H1 Z50. M8
Z-14.
G99 G82 Z-21. R-14. P2. F500.
X-70.
X-50.
X-30.
X-10.
G80
Z50.
M5
G91 G28 Z0.
G28 X0. Y0.
M30
```

图 6-19　带 G82…P2. 代码的暂停钻孔

6.4　用 CNC 操作攻螺纹的注意事项

攻螺纹的操作是加工中心比较常见的操作。螺纹一般分为公制和英制两种，如图 6-20 所示，它们的换算关系是 1in=25.4mm。攻螺纹用的丝攻分为挤压丝攻和切削丝攻，如图 6-21 所示。挤压丝攻和切削丝攻对底孔的要求不一样，加工螺纹前需要自己查表得到底孔的大小，然后用合适的钻头钻孔，然后攻螺纹。

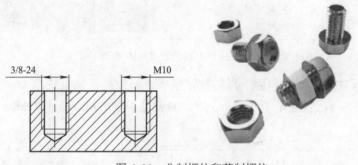

图 6-20　公制螺纹和英制螺纹

切削丝攻

挤压丝攻

加工模式一样

图 6-21　挤压丝攻和切削丝攻

加工螺纹的注意事项有：

1）底孔必须正确（可上网查表）。

2）丝锥要拿正确（千万不要拿 M6 的丝攻攻 M5 的螺纹）。

3）建议先倒角再攻螺纹（有效去除毛刺）。

4）铝合金用煤油、切削油或专用切削液，钢件用菜油或专用切削液。

5）F 值是通过计算获得的，不是凭经验。

6）发那科系统编程进给 F 值的计算方式是 F=S× 螺距，三菱系统为 F= 螺距。

7）M29 刚性攻螺纹：如果牙的深度不够，刚性攻螺纹可以直接调整 Z 值重新攻螺纹。

如图 6-22 所示，攻螺纹的"循环方式"是"攻牙（G84）"。

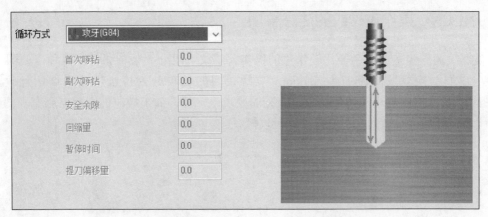

图 6-22　选择"循环方式"为"攻牙（G84）"

选择合适的丝攻后，转速和进给都需设置正确，例如发那科系统用 M6×1 的丝攻攻螺纹，"螺距"设置为 1，转速是 100r/min，进给 F 就是 100r/min×1mm=100mm/min，设置如图 6-23 所示。

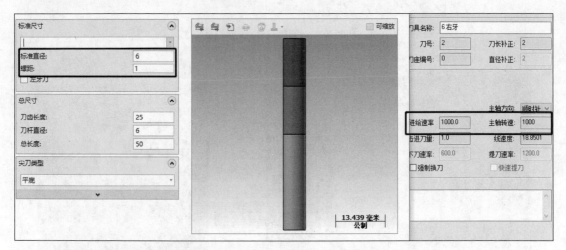

图 6-23　选择 M6×1 丝攻，转速、进给设置匹配好

后处理出来的程序如图 6-24 所示。

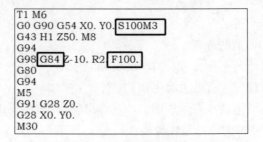

图 6-24　后处理攻螺纹程序

如果是三菱系统，在没有三菱配套的后处理时，它的 F 值是螺距，就得手动将 F100 改成 F1 之后才能上机。

6.5　孔类精加工——铰孔和镗孔的应用

一般要求比较高的孔，公差带在 0.05mm 内就需要用到铰孔和镗孔。在笔者看来，ϕ20mm 以内可以铰，ϕ20mm 以上用镗，具体看工艺如何制定。

1）铰孔：如图 6-25 所示，"循环方式"选择"Bore #1（feed-out）"，可以获得 G85 的程序，G85 对应的是铰孔，"暂停时间"设为"0.0"，在原地停留，然后回刀。

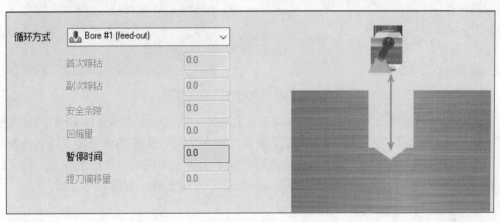

图 6-25　铰孔循环 Bore #1（feed-out）

后处理出来的程序是 G98 G85 Z–10. R2. F100，表示机床主轴会以 F100 的速度往下加工，到 Z–10 的位置再以 F100 的速度往上退刀至 R2 位置，避免拉伤孔壁。

2）粗镗孔：如图 6-26 所示，"循环方式"选择"Bore #2（stop spindle, rapid out）"可以获得 G86 的程序，G86 对应的是粗镗孔。

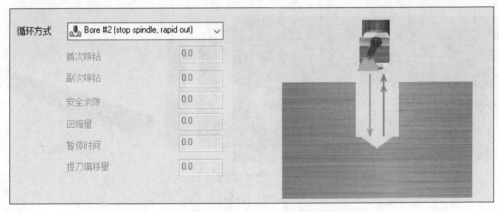

图 6-26　粗镗循环 Bore #2（stop spindle, rapid out）

后处理出来的程序是 G98 G86 Z–10. R2. F100，表示机床主轴会以 F100 的速度往下加工，到 Z–10 的位置主轴停止转动，然后原地往上提刀到 R2 位置。加工完之后孔壁会有一条很明显的拉刀痕迹，这是粗镗孔，有痕迹是正常的。

3）精镗孔：如图 6-27 所示，"循环方式"选择"Fine Bore（shift）"，可以获得 G76 的程序，G76 对应的是精镗孔。这里要输入"提刀偏移量"，一般为 0.2mm。

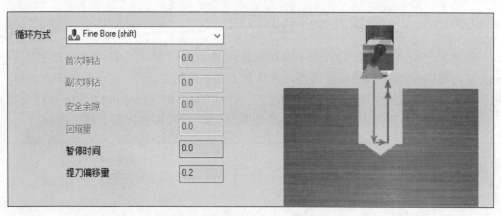

图 6-27　精镗循环 Fine Bore（shift）

后处理出来的程序是 G98 G76 Z-10. R2. Q.2 F100，表示机床主轴会以 F100 的速度往下加工，到 Z-10 的位置主轴停止转动，然后偏移 0.2mm（可以是 X 也可以是 Y，具体看机床参数），再往上提刀到 R2 位置。加工完之后孔壁不会有拉刀痕迹。要注意的是：由于加工结束会有 0.2mm 的主轴偏移，镗刀的刀尖指向位置要安装正确，否则刀片会崩。

6.6　螺纹铣刀加工螺纹

有的时候我们需要用螺纹铣刀加工螺纹，对于牙径比较大，或者特殊的牙，例如 M100×1 的螺纹，不可能定制一把 M100×1 的丝攻，所以就需要用螺纹铣刀铣螺纹。

加工中心专用螺纹铣刀一般有三种：全牙、三牙、单牙，这些是整体刀具，还有一种是装刀片的螺纹铣刀，以及车床用的装三角形 1 个刃口刀片的螺纹铣刀，如图 6-28 所示。

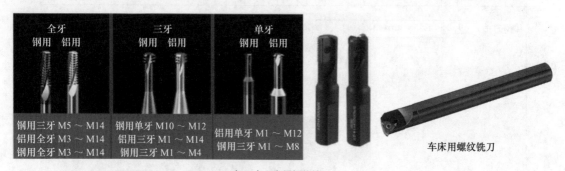

加工中心专用螺纹铣刀

图 6-28　螺纹铣刀

螺纹铣削对比丝攻的优势有：

1）加工精度和效率大大提高。

2）不受螺纹结构（内 / 外螺纹）和旋向（左旋 / 右旋）的影响。

3）螺纹铣刀的寿命是普通丝锥的 10 倍甚至更多。

4）在数控铣削螺纹过程中，对螺纹尺寸的调整非常方便。

5）加工硬度高的材料，或大螺距螺纹有很大优势。

6）同一螺距的螺纹铣刀可加工不同直径的螺纹。

7）加工表面质量更好。

8）不怕折断，丝攻断了后通常很难取出而导致零件报废。

如图 6-29 所示，要加工 M20×2.5 的内孔螺纹。

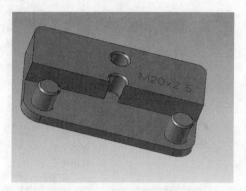

图 6-29　加工 M20×2.5 内孔螺纹

螺纹铣刀加工内孔螺纹的具体步骤如下：

1）可以绘制一个带孔实体，也可以直接绘制一个圆（铣螺纹本质是串连外形铣加工），孔和圆的直径是 20mm，M20×2.5 的螺距是 2.5mm，一般底孔先加工到 17.7mm。

2）单击"螺纹铣削"，选择孔壁或者孔底部边界，如图 6-30 所示。

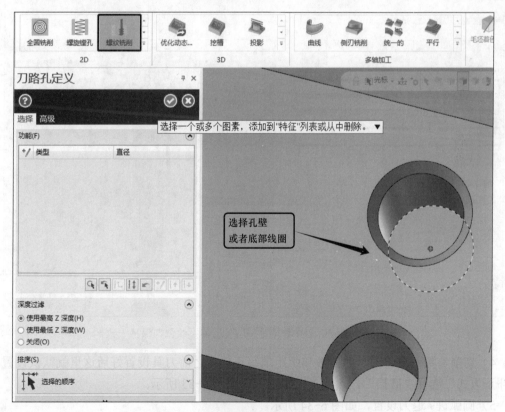

图 6-30　直接选择孔壁或孔底部边界

3）选择合适的螺纹铣刀。图 6-31 是在市场上买的螺纹铣刀，它的参数需要知道的是 3 刃、刃径 15mm，在软件设置界面要设置一致，如图 6-32 所示。

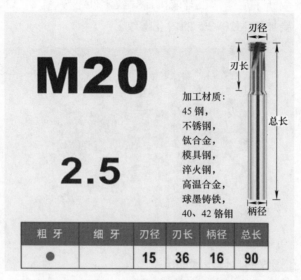

图 6-31　选择合适的螺纹铣刀

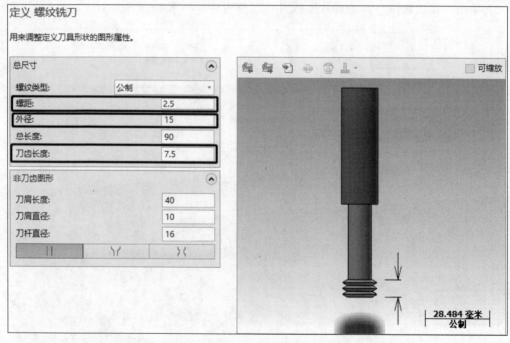

图 6-32　螺纹铣刀参数设置和所使用的螺纹铣刀保持一致

4）切削参数需要将刀具的齿数和螺距填写正确（之前刀具设置好后这里就默认设置），"补正方式"选择"磨损"，点选"内螺纹"，如图 6-33 所示。

5）圆弧进 / 退刀设置，如图 6-34 所示。

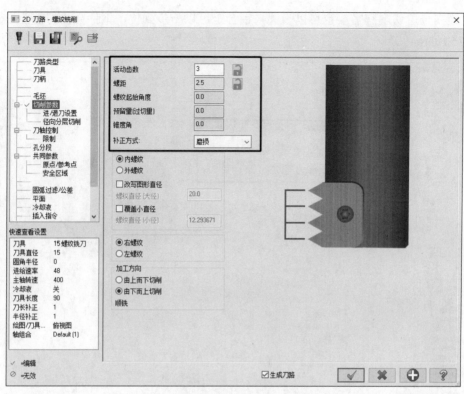

图 6-33　设置齿数、螺距以及补正方式

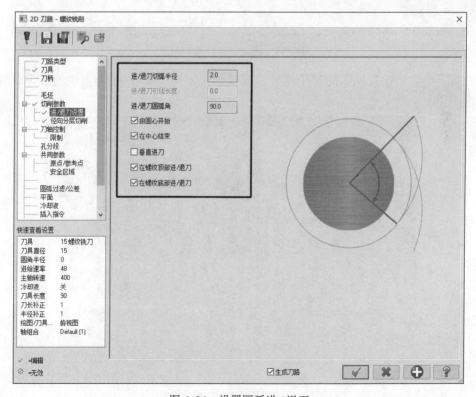

图 6-34　设置圆弧进 / 退刀

6）径向分层切削有需要也可以设置（铝合金可以一步到位，钢件会弹刀需要设置），如图 6-35 所示。

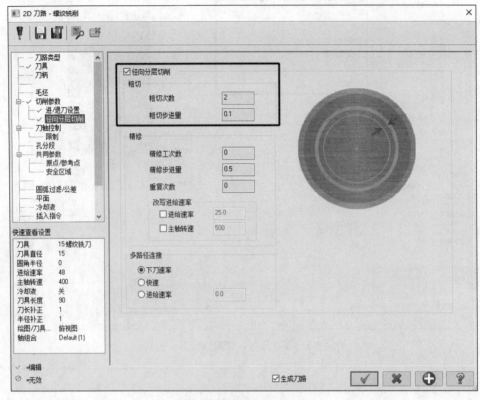

图 6-35 设置径向分层切削

7）共同参数里设置加工的起止点后就可以生成刀路。图 6-36 为生成的 3 条螺旋加工螺纹孔的程序。

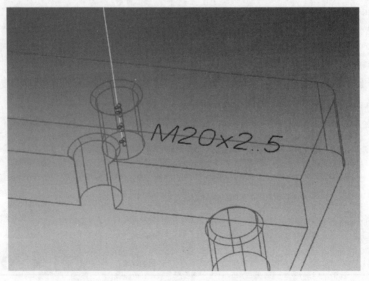

图 6-36 生成 3 条螺旋加工螺纹孔的程序

后处理出来的程序是从下往上螺旋加工，因为之前开了"磨损"功能，所以程序带有 G41 直径补偿，如图 6-37 所示。

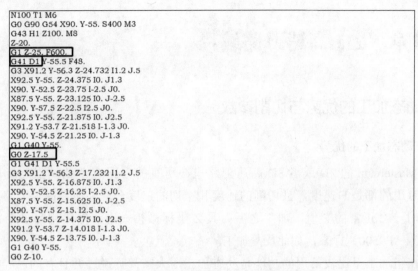

```
N100 T1 M6
G0 G90 G54 X90. Y-55. S400 M3
G43 H1 Z100. M8
Z-20.
G1 Z-25. F600.
G41 D1 Y-55.5 F48.
G3 X91.2 Y-56.3 Z-24.732 I1.2 J.5
X92.5 Y-55. Z-24.375 I0. J1.3
X90. Y-52.5 Z-23.75 I-2.5 J0.
X87.5 Y-55. Z-23.125 I0. J-2.5
X90. Y-57.5 Z-22.5 I2.5 J0.
X92.5 Y-55. Z-21.875 I0. J2.5
X91.2 Y-53.7 Z-21.518 I-1.3 J0.
X90. Y-54.5 Z-21.25 I0. J-1.3
G1 G40 Y-55.
G0 Z-17.5
G1 G41 D1 Y-55.5
G3 X91.2 Y-56.3 Z-17.232 I1.2 J.5
X92.5 Y-55. Z-16.875 I0. J1.3
X90. Y-52.5 Z-16.25 I-2.5 J0.
X87.5 Y-55. Z-15.625 I0. J-2.5
X90. Y-57.5 Z-15. I2.5 J0.
X92.5 Y-55. Z-14.375 I0. J2.5
X91.2 Y-53.7 Z-14.018 I-1.3 J0.
X90. Y-54.5 Z-13.75 I0. J-1.3
G1 G40 Y-55.
G0 Z-10.
```

图 6-37   程序从下往上螺旋加工，并且带有 G41 直径补偿

注意：

调机前可以不把图形画成 $\phi20.0$mm，而是画到 $\phi19.8$mm，通过 G41 调补偿，直到螺纹大小符合螺纹规检测需求。也可以不改图，而调整直径，如图 6-38 所示，直接更改直径大小。

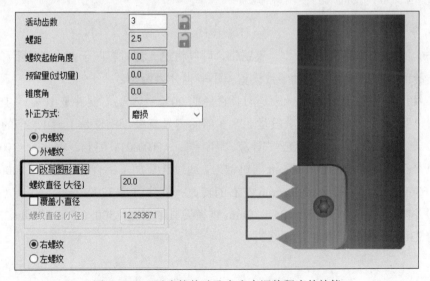

图 6-38   可以直接修改孔大小来调整程序的补偿

加工外螺纹也是一样，选择图形的时候要将图形底径画好，然后选择底径。

第7章　2D 高速刀路编程 >>>

7.1　动态加工的优势与切削参数

1．动态加工的优势

在 Mastercam 的 2D 或者 3D 高速刀路里，所有的刀路有个共同点，就是刀具加工和非加工时用的都是 F 速度，且切削的速度和空切的速度分开。所以高速刀路就是指加工工件切削时一个正常的 F 值，加工之后刀具 Z 坐标微抬一点，然后用另一个比较快的速度（F6500 ～ F9500）回来，如此反复加工。

现在粗加工里比较常用的功能是动态加工，大家都听说过并且有的已经接触过动态加工，那么动态加工到底是什么，什么样的刀路可以称为动态刀路？动态刀路是指采用轻拉快走的切削方式，充分利用刀具侧刃进行的高速加工。它可使刀具整个刃口都吃到力，磨损也均匀。动态粗加工有以下 3 点优势：

1）粗加工效率高。

2）减少清角刀路。

3）延长刀具及机床的使用寿命。

2．切削参数

一般加工材料是铜、铝、钢、不锈钢，可以将这 4 种材料归于两大类，铝和铜属于一种，钢和不锈钢属于另一种，切削参数设置差不多也分为两类。

1）切宽：铝、铜的切宽一般是刀具直径的 20% ～ 30%，钢件是 10% ～ 15%。

2）切深：铝、铜的切深一般是 2 ～ 3 倍的刀具直径，钢件是 1 ～ 1.5 倍的刀具直径。

3）转速：可以用一个参数公式计算，铝、铜：（200000/D）/3.14，钢件：（100000/D）/3.14，其中 D 是指刀具直径。比如 10mm 的钨钢刀，通过计算加工铝合金转速是（200000/10）r/min/3.14 ≈ 6369r/min，可以给 6500r/min 左右的转速；钢件就是 3700r/min。

4）进给 F：铝、铜是 S×0.35，10mm 直径刀具 F 就是 6500×0.35mm/min=2275mm/min，可以给 2300mm/min；钢件是 S×0.2。

> **注意：**
>
> 这些数据只能做参考，因为每个厂使用的刀具材料和质量不一样。如果算下来加工铝合金 4mm 的刀具超过 10000r/min，可厂里机床最大转速只能是 10000r/min，那可以给 9800r/min 的转速操作。

7.2　2D 高速刀路动态铣削设置

如图 7-1 所示要加工一个挖腔类工件。如果拿到的毛坯厚度有 10mm 的余量,且又没有盘刀去铣面,需要用 10mm 的铣刀来去除总厚度的余量时,可以考虑动态铣削。因为动态铣削可以全程顺铣,比双向加工的面铣刀路好太多。

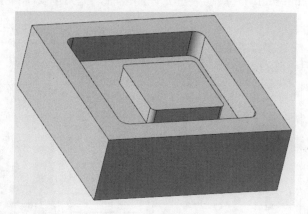

图 7-1　挖腔类工件

动态铣削铣面的设置步骤如下:

1)单击"动态铣削",选择实体边界,如图 7-2 所示。

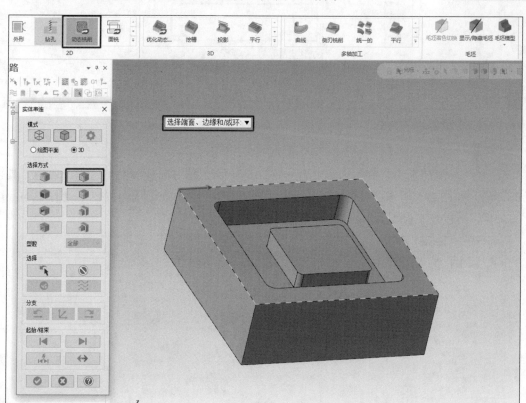

图 7-2　单击"动态铣削",选择实体边界

2）"加工区域策略"选择"开放"，如图7-3所示。

3）选择刀具，设置进给及转速。

4）设置切削参数，如图7-4所示。步进量距离指的是切削宽度及XY方向的切削步距；微量提刀距离0.25指的是切削完一刀之后往上提刀0.25mm，提刀进给速率9500.0指的是回刀的速度为9500.0mm/min；"移动大于允许间隙时，提刀至安全高度"一般设置为"不提刀"，进刀方向在右上角。

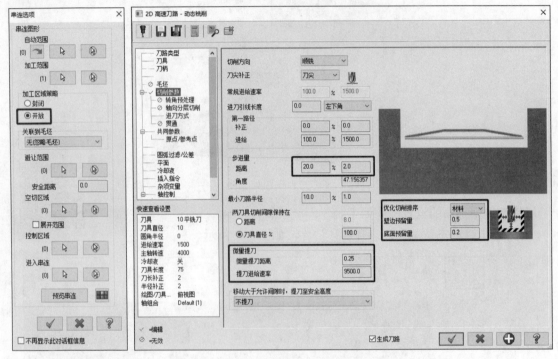

图7-3　"加工区域策略"
　　　选择"开放"

图7-4　切削参数的设置

5）轴向分层切削和之前的刀路设置一样，是计算Z轴方向分层的，这里设置为刀具直径的2倍，如图7-5所示。精修不用设置，因此时的应用场景是铣面，也不会有20mm以上的余量，所以设不设置都一样。

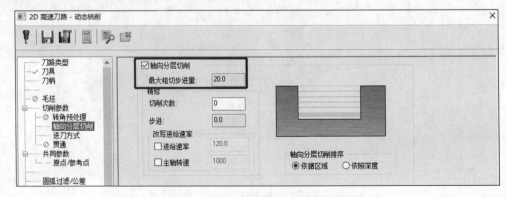

图7-5　轴向分层设置为2倍刀具直径

6）进刀方式设置，如图 7-6 所示，"进刀方式"设为"单一螺旋"，螺旋半径不大于刀具半径，这里设置为 4.5 ～ 5 之间都是正确的。此时的应用场景是铣面，所以这里设置也不起作用。

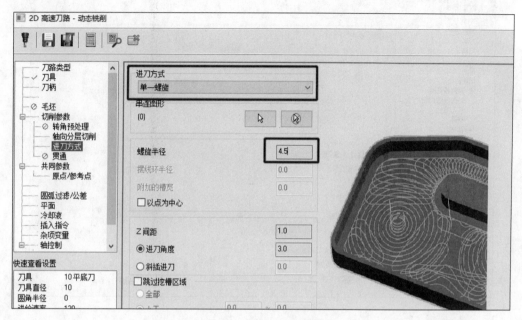

图 7-6　进刀方式设置

7）共同参数设置，如图 7-7 所示。

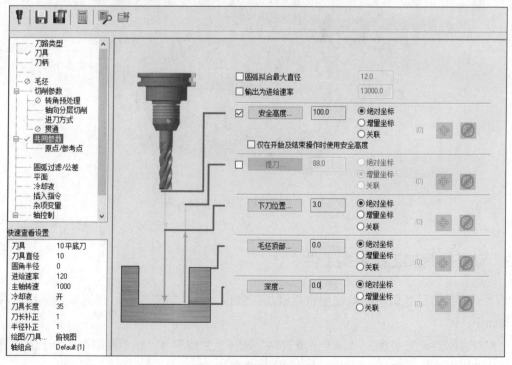

图 7-7　设置共同参数

8）圆弧过滤公差放到中间，生成刀路，可以得到一个从右上角进刀，然后一路顺铣加工铣加工面的刀路，刀路步距为 2mm，如图 7-8 所示。

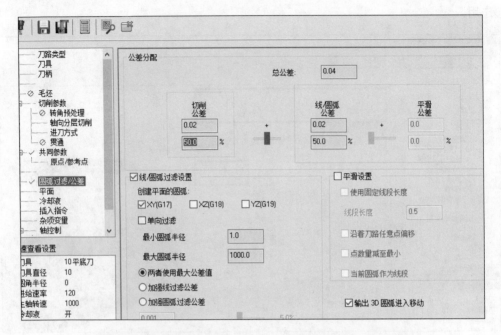

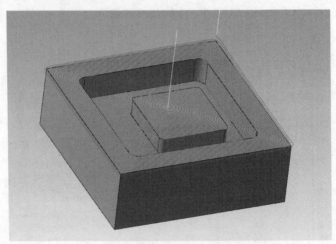

图 7-8　生成螺旋加工的动态铣刀路

7.3　动态铣削加工挖腔类工件

上一节我们已经运用动态铣削将厚度加工到位，现在需要挖腔，设置有点区别，具体步骤如下：

1）选择 2D 动态铣削，"加工区域策略"选择"封闭"，"加工范围"选择上方边界，"避让范围"选择下方台阶顶部边界，如图 7-9 所示。

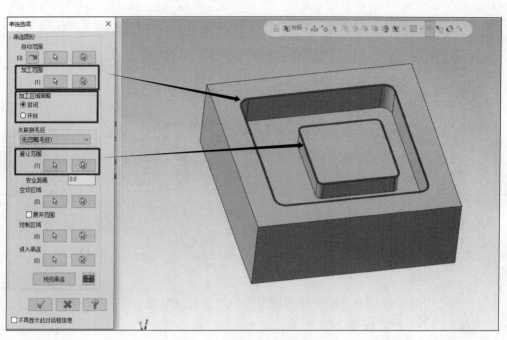

图 7-9　设置串连选项参数

2）共同参数设置"深度"为 –28.0，其余参数和上一节设置相同，如图 7-10 所示。

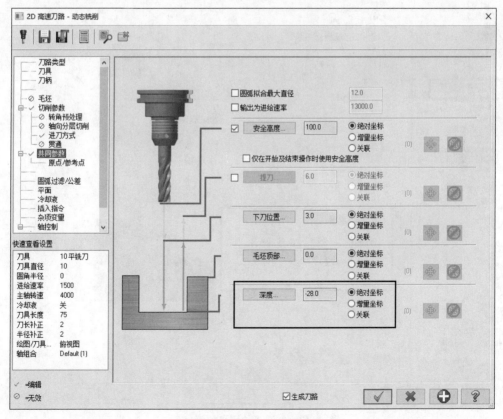

图 7-10　设置共同参数

3）生成刀路，如图 7-11 所示，有两层刀路，但是中间岛屿上方没有刀路。

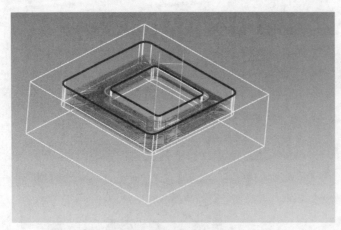

图 7-11　生成的刀路（岛屿上方无刀路）

4）单击"切削参数"—"轴向分层切削"，勾选"使用岛屿深度"，岛屿上方如果需要设置余量，可以设置，如图 7-12 所示。

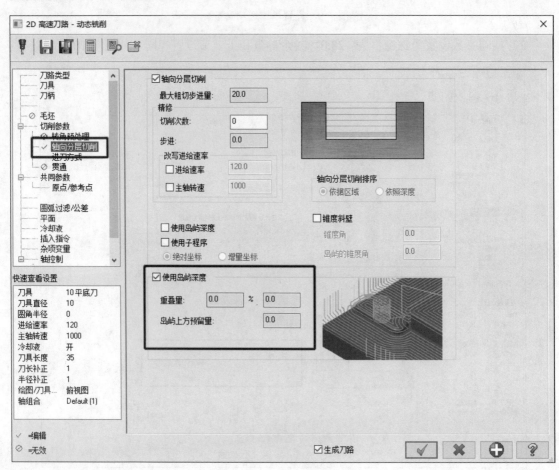

图 7-12　勾选"使用岛屿深度"

5）生成刀路，如图 7-13 所示，岛屿上方有刀路了。

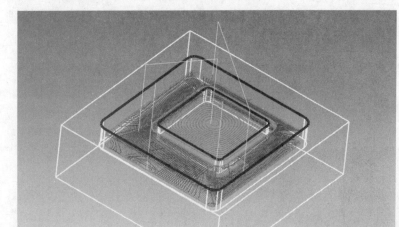

图 7-13　岛屿上方有刀路

放大刀路，如图 7-14 所示，可以看到：

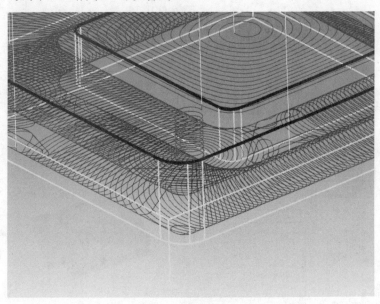

图 7-14　放大刀路

1）挖腔类加工是螺旋加工，螺旋半径的设置参考图 7-6，不能大于刀具的半径，否则中间会有残料。

2）每步刀路 XY 方向的步距差不多还算均匀，步距的设置在图 7-4 所示的步进量距离里设置。

3）刀路一共有两层，分层的 Z 深度在图 7-5 的轴向分层切削里设置。

如果这个工件不想螺旋下刀，或者工件是铸件，有预留孔，如何指定点下刀，然后动态铣削？这就涉及"进刀方式"的选项设置。如图 7-15 所示，图左下角预先绘制一个 $\phi 10mm$ 的孔，作为之前已经用钻头预先钻过的下刀位置。具体操作如下：

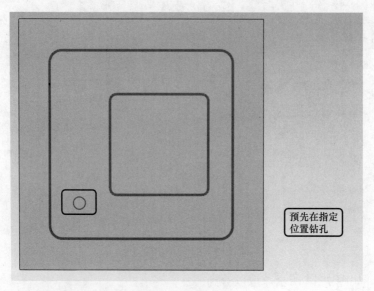

图 7-15　预先钻孔

1）选择"进刀方式"为垂直进刀，并勾选"以点为中心"，如图 7-16 所示。

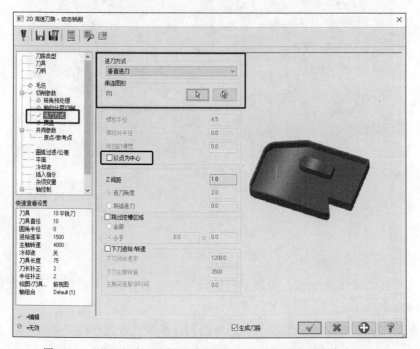

图 7-16　"进刀方式"选择"垂直进刀"，并勾选"以点为中心"

2）串连图形时模式选择点，串连图里的圆心点，如图 7-17 所示。

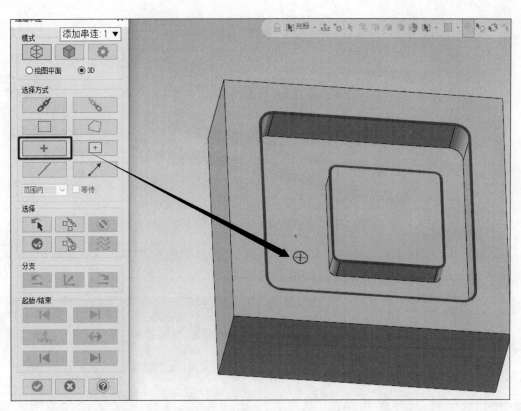

图 7-17　串连圆心点作为下刀点

3）生成刀路，如图 7-18 所示。

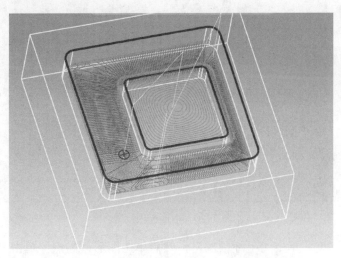

图 7-18　生成指定进刀点在圆心点的刀路

7.4　动态铣削加工开放形工件

如图 7-19 所示，需要用动态铣削编程加工一个开放形的工件。生成刀路的步骤如下：

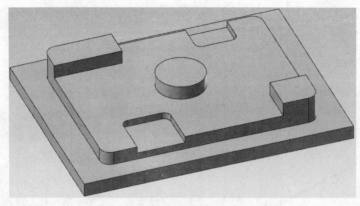

图 7-19　开放形的工件

1）选择 2D 动态铣削，串连选项里"加工范围"选择外圈边界，"加工区域策略"选择"开放"，"避让范围"选择内部边界，如图 7-20 所示。

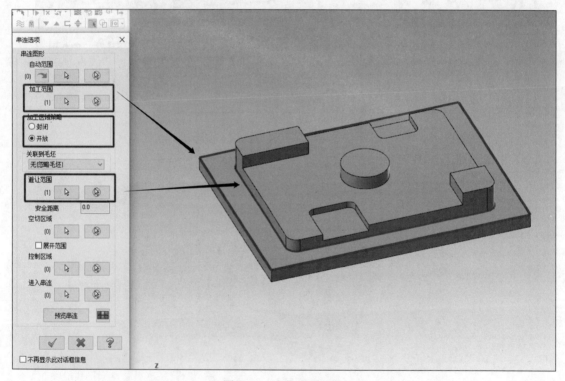

图 7-20　串连选项设置

2）设置加工深度，单击"毛坯顶部"，然后单击图形最高点；单击"深度"，然后单击台阶底部，如图 7-21 所示。

3）圆弧过滤公差放到中间生成刀路，此时得到一个从图形左下角的外部下刀的刀路，如图 7-22 所示。

以上编程方法是四周全部开放区域的编程。下面讲解半开放区域的编程。具体步骤如下：

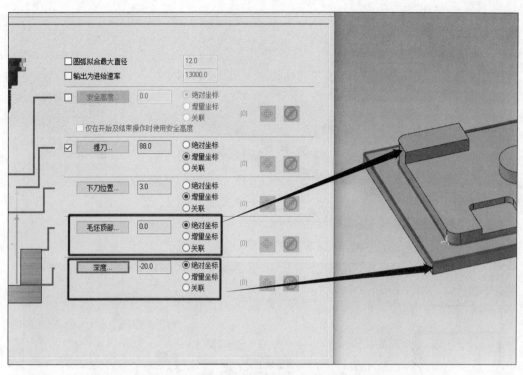

图 7-21　设置加工深度

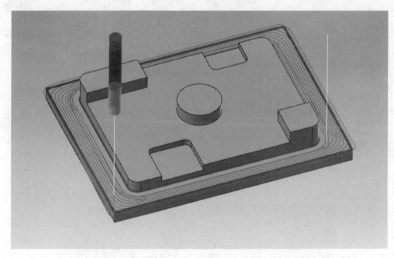

图 7-22　生成的刀路

1）如图 7-23 所示，经过之前的操作后，可以直接加工台阶 A，它有一个边界是空的，可以在此边界外部下刀然后加工。

2）在串连选项里设置相应的参数，"加工范围"选择整个底部边界，"加工区域策略"选择"封闭"，"空切区域"选择外部的单体线，其他设置和前面一样，如图 7-24 所示。

3）共同参数的深度捕捉边界线即可，生成刀路，得到一个从外部下刀的动态铣削刀路，如图 7-25 所示。

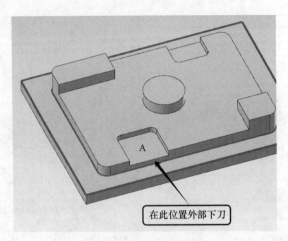

在此位置外部下刀

图 7-23　加工台阶 A

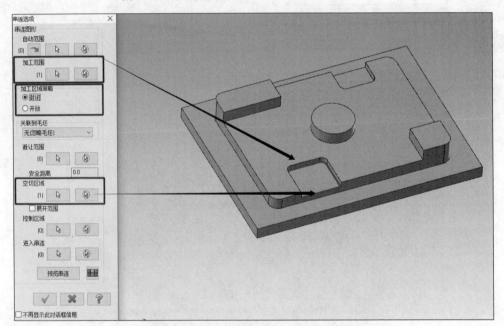

图 7-24　串连选项设置

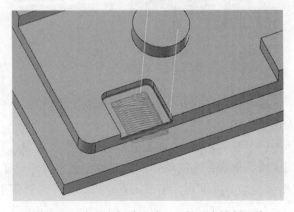

图 7-25　生成半开放区域下刀的动态铣削刀路

7.5　自动范围的使用场景

Mastercam 2022 更新了自动范围的功能，使用场景就是图 7-25 所示的半开放区域，操作步骤很简单，在选择串连选项的时候，单击自动范围，然后选择面就可以，如图 7-26 所示。其余操作和之前的一模一样。优势在于，省略了串连线框和设置空切区域的步骤。这样设置生成的刀路和图 7-25 是一样的。

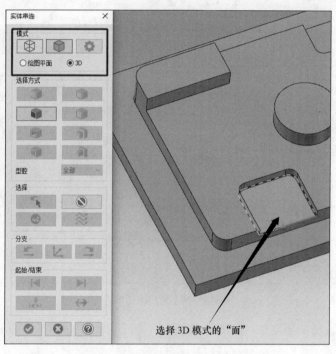

图 7-26　选择自动范围，然后选择面

7.6　2D 熔接刀路

沟槽类工件的底面精加工除了用挖槽精加工以外，还可以使用熔接刀路。如图 7-27 所示，直接使用挖槽做精加工，图形的四个角是加工不到位的，得做辅助线，将原始图档的边界线提取出来，然后往上和下两个方向延伸一个刀具半径，生成刀路才可以将所有的底面全部加工到位。

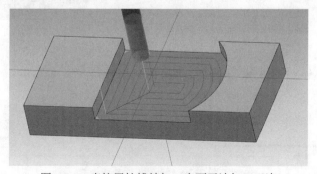

图 7-27　直接用挖槽精加工底面无法加工干净

此时，可以使用熔接功能做粗加工和精加工，粗加工直接使用熔接里的"轴向分层切削"即可。操作步骤如下：

1）单击 2D 高速刀路，选择"熔接"，串连两个边界（注意串连方向要保持一致），如图 7-28 所示。

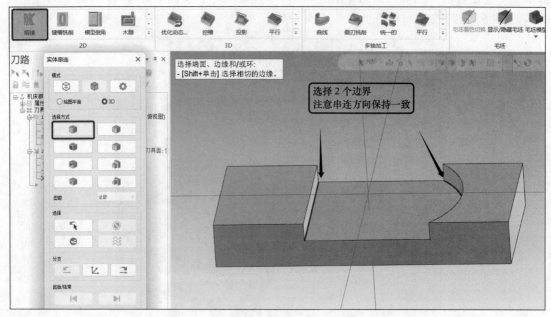

图 7-28　串连两个边界，保证串连方向一致

2）各项参数设置如图 7-29 所示，"补正方向"选择"内部"，进／退刀延伸都打开，预留量正常设置。

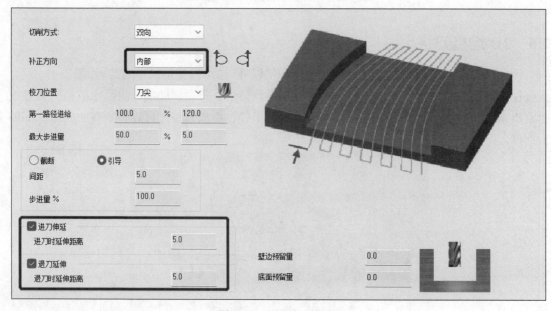

图 7-29　设置各项参数

3）生成的刀路如图 7-30 所示，可以看到刀路已经全部覆盖住加工面，且在外部下刀，如果需要提刀也在外部的话，可以将退刀的延伸距离加长。

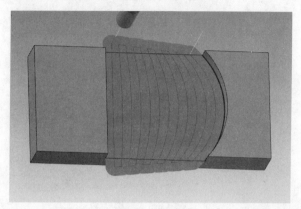

图 7-30　刀路

7.7　2D 剥铣刀路

沟槽类工件除了用挖槽粗加工以外，还可以用 2D 高速剥铣，它的设置和 2D 熔接差不多。由于它属于动态加工，加工出来的工件表面和侧壁很不光滑，尤其是侧壁会出现很多"波纹"，所以只能用于粗加工。"切削类型"有"剥铣"和"动态剥铣"，选择"动态剥铣"，步进量距离设置为 20.0%，是用于铝合金或者铜件的，除这项和其他材料有区别外，其他设置都一样，如图 7-31 所示。

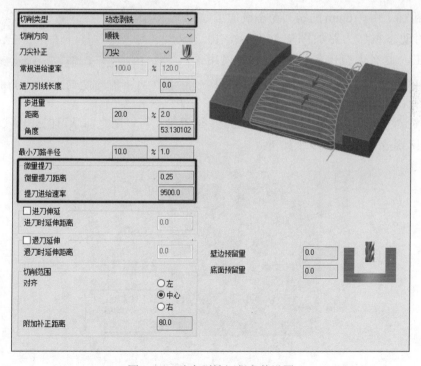

图 7-31　动态剥铣切削参数设置

生成的刀路如图 7-32 所示，看起来开始加工会有很多空切，其实并没有，是均匀地按照动态加工的方式每刀切削 2mm。

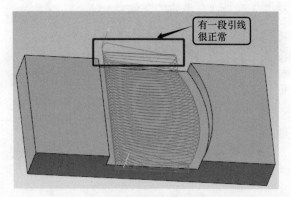

有一段引线很正常

图 7-32　2D 高速动态剥铣生成的刀路

7.8　动态外形的应用场景

在 5.9 节，2D 外形的切削方式里有种"残料加工"，动态外形的操作类似外形残料加工，也可以针对粗加工不干净的拐角区域进行清角加工。

如图 7-33 所示，中间筋之间的圆弧拐角是 R3mm，粗加工用 ϕ10mm 的铣刀动态铣加工。

生成的动态粗切刀路如图 7-34 所示，由于是粗加工，这么大范围的粗加工一般使用 ϕ10 ～ 12mm 的铣刀，最后中间的拐角最小还有 R5mm 的圆弧，离 R3mm 还有一些残留。那

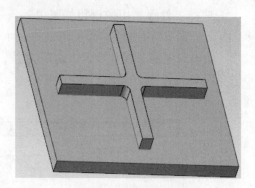

图 7-33　中间筋之间的圆弧拐角是 R3mm

么，就需要针对拐角生成一步残料加工的刀路。这里除了可以用之前学习的外形残料加工外，还可以使用动态外形。具体步骤如下：

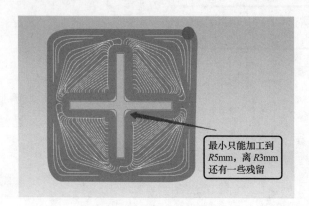

最小只能加工到 R5mm，离 R3mm 还有一些残留

图 7-34　动态粗切刀路

1）如图 7-35 所示，单击"动态外形"，选择环，串连底部边界，单击 ✓ 确定。

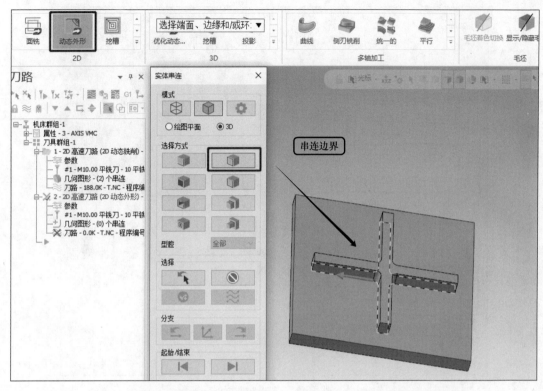

图 7-35　单击"动态外形"，选择环，串连底部边界

2）选择小于 $R3mm$ 的刀具，这里选择 $\phi5mm$ 的平铣刀，如图 7-36 所示。

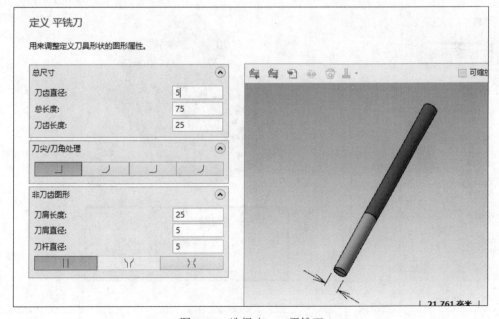

图 7-36　选择 $\phi5mm$ 平铣刀

3）分别设置步进量距离、微量提刀，如图 7-37 所示。

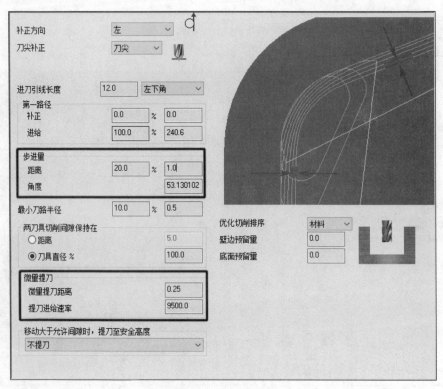

图 7-37　设置切削参数

4）设置外形毛坯参数，如图 7-38 所示。

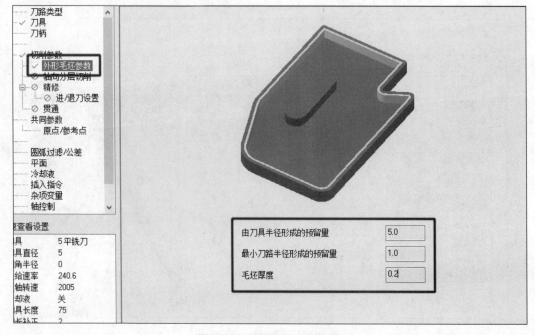

图 7-38　设置外形毛坯参数

① 由刀具半径形成的预留量：是指上一把粗加工刀具的半径值。

② 最小刀路半径形成的预留量：是指上一把粗加工刀具在动态铣削加工设置的最小刀路半径值。

③ 毛坯厚度：是指上一把粗加工刀具设置留下来的余量。

5）生成刀路，如图 7-39 所示。刀具先沿着边界走一圈，然后针对中间四处余量较多的区域做残料加工。

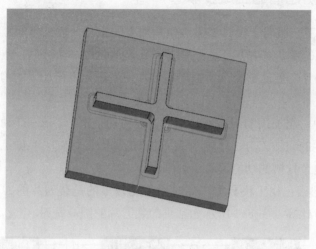

图 7-39　动态外形刀路

动态外形刀路也可以设置轴向分层和精修。读者可以自己设置，看看效果。

第8章 3D 传统加工

8.1 曲面粗切挖槽的生成步骤

传统 3D 加工一般用于模具加工，模具加工的工艺一般是粗加工→二粗加工→精加工。这里的二粗加工也称为半精加工，它们不一定是固定的一个刀路，也可能是很多种刀路的配合刀路，目的是让工件能够将余量去除均匀，使最后一步精加工的刀具受力均匀，加工出来的效果更佳。

传统加工中，粗加工的刀路就是用"曲面粗切挖槽"。在 3D 动态加工没有问世之前，曲面粗切是必学的粗加工方法。由于 3D 动态的局限性比较大（加工深度无法超过 4 倍刀具直径），所以这个挖槽的功能读者必须掌握。

曲面粗切挖槽在加工模具类产品时用得比较多的是装刀片的刀具，尤其是圆鼻铣刀，其规格全、性价比高。图 8-1 所示为常见的装刀片的圆鼻铣刀。

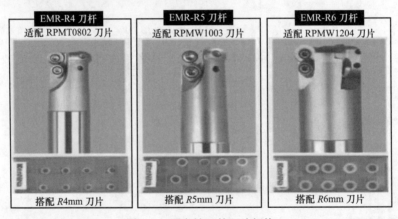

图 8-1 圆鼻铣刀的刀片规格

由于圆鼻铣刀适合层切加工，用于"曲面粗切挖槽"刀路是不二的选择。我们先用圆鼻铣刀来粗加工，如图 8-2 所示。

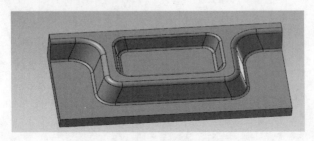

图 8-2 用圆鼻铣刀粗加工模具

曲面粗切挖槽加工的步骤如下：

1）加工前一般先用面铣刀将工件表面全部加工出来，然后 XY 分中，Z0 对最高点。再在软件的绘图区域将图档实体移动到原点，具体是工件中心设在（X0，Y0）的位置，Z0 设置在工件最高点。单击"毛坯设置"选项卡设置毛坯，如图 8-3 所示。

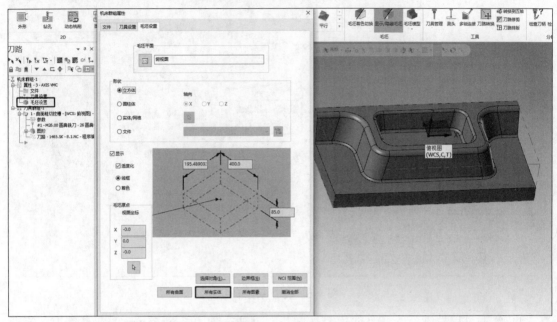

图 8-3　设置毛坯

2）单击"3D"—"挖槽"，选择整个实体作为加工面，如图 8-4 所示。

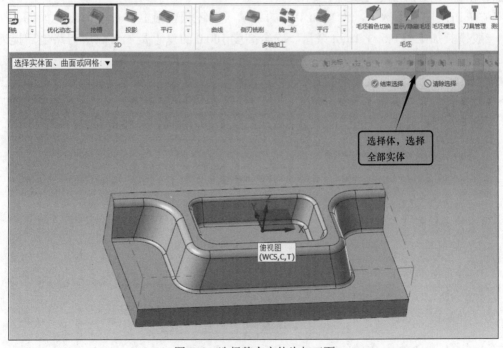

图 8-4　选择整个实体为加工面

3）单击"下一步"，弹出"刀路曲面选择"对话框，通过"切削范围"来选择实体底面，也可以手动在俯视图方向绘制一个线框来确定切削范围，如图 8-5 所示。

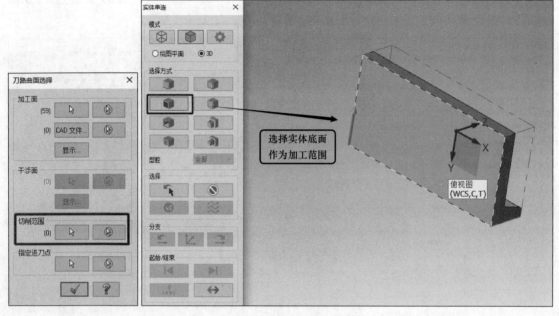

图 8-5　确定切削范围

4）单击鼠标右键，选择"创建刀具 ..."，创建一把 ϕ26mm$R$5mm 的圆鼻铣刀（笔者曾经拿 ϕ26mm 的刀当成 ϕ25mm 的加工，结果加工报废了一个模具，读者装刀时要擦亮眼睛），设置进给速度和主轴转速，如图 8-6 所示。

5）单击"曲面参数"，设置加工面的余量（毛坯预留量）和安全高度，如图 8-7 所示，一般模具加工留 0.5 ～ 1mm 余量。安全高度 100.0 的意思是加工一层刀路之后提刀到 Z100.0 的位置，G0 移动到下刀点，然后下刀再加工第 2 层，第 2 层加工完毕，再提刀到 Z100.0，如此反复。这里设置的数据一般为 50.0 或者 100.0，不固定。后续所有曲面加工的这个界面看到的安全高度都是这个意思。下刀位置 2.0 的意思是刀具以 G0 速度下降到距离工件表面上方相对位置 2.0mm，然后按照 G1 的速度下刀加工，一般设为 2.0 ～ 5.0。

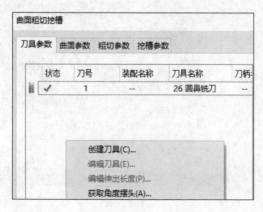

图 8-6　选择 ϕ26mm$R$5mm 圆鼻铣刀，设置进给速度和主轴转速

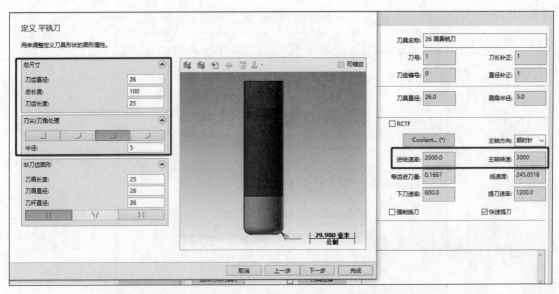

图 8-6　选择 ϕ26mm$R$5mm 圆鼻铣刀，设置进给速度和主轴转速（续）

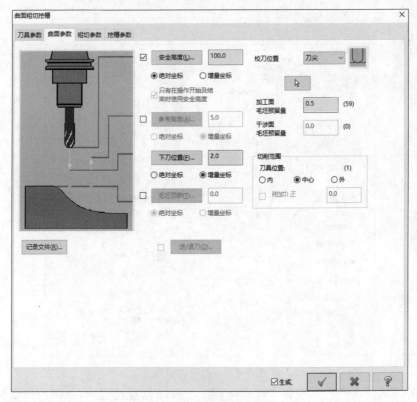

图 8-7　曲面参数设置

6）单击"粗切参数"，设置"整体公差 …"为 0.05、"Z 最大步进量"为 0.5。此时单击"整体公差 …"，进到子界面设置圆弧公差，将"切削公差"的进度条拖到中间。总公差的数值大小影响程序生成大小和精度，由于是粗加工，所以这里设为 0.05 就可以，精加工一般是 0.01 ～ 0.02mm。最后勾选"由切削范围外下刀""下刀位置对齐起始孔"。如果需要可以将"指定进刀点"勾选并选择一个点指定下刀位置，如图 8-8 所示。

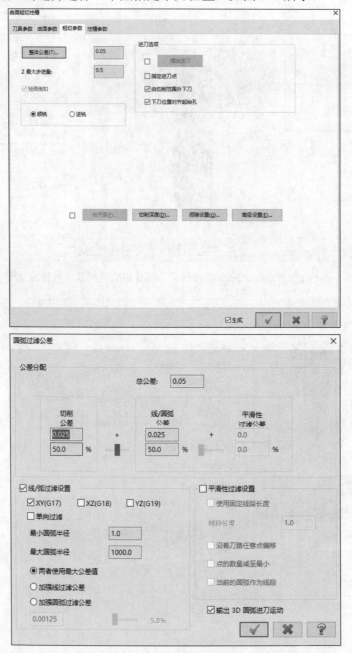

图 8-8 设置粗切参数

7）单击"切削深度"，设置"绝对坐标"，最高位置设置为 -0.05，最低位置捕捉图形要加工面的最低点，勾选"自动侦测平面（当处理时）"。选择间隙设置，勾选"切削排序最佳化"，如图 8-9 所示。

如果底面的 Z 坐标是 -55.0，理论上留了 0.5mm 的余量，程序最低位置的 Z 应该是 -54.5，但是生成的程序却是 Z-54，足足少了 0.5mm，那是因为没有勾选"自动侦测平面（当处理时）"。

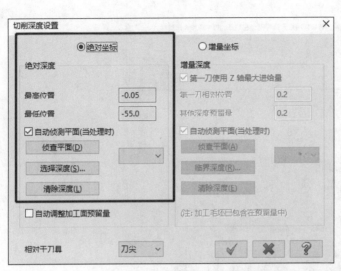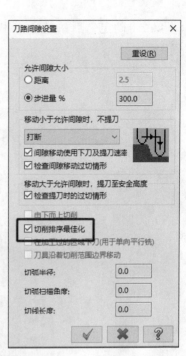

图 8-9　设置切削深度为绝对坐标

8）单击"挖槽参数"，设置切削步距和方式。一般"切削方式"选择"等距环切"或者"高速切削"，这里使用"等距环切"。由于使用的是圆鼻铣刀，"切削间距"（也称为切削步进量）选"平面"（如果选择的是平铣刀则选择"直径"），输入 65，步距为刀具底部有效切削量的 65.0%，如图 8-10 所示。

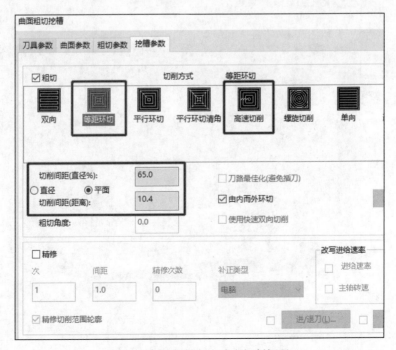

图 8-10　选择切削方式和切削间距

单击"确定"后系统会弹出如图 8-11 所示的精加工未选择的报警，不用理会，单击"确定"。

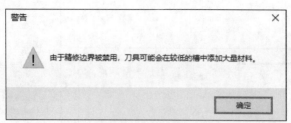

图 8-11　报警

9）刀路生成，从外部下刀切削，如图 8-12 所示。

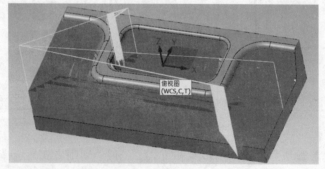

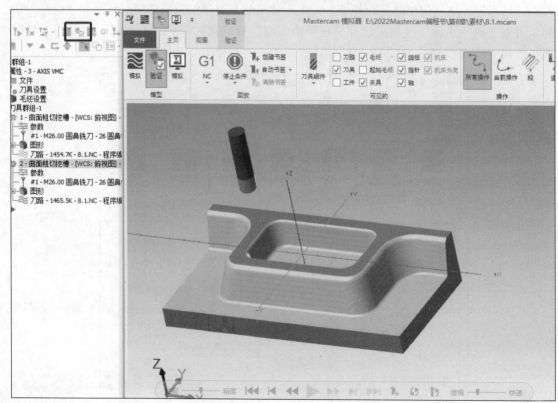

图 8-12　生成刀路，从外部下刀切削

8.2　通过设置切削范围来控制刀具路径

如图 8-13 所示,在图形的边缘处有个小凸台。按照上节内容设置曲面粗切刀路得到的结果是凸台处有加工不到位的情况,如图 8-14 所示。

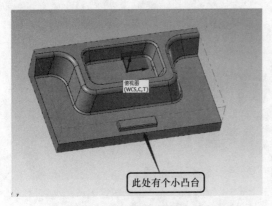

图 8-13　图形边缘处有个小凸台

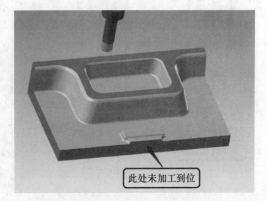

图 8-14　边缘的凸台并未加工到位

那是因为在设置切削范围的时候设置的是工件的底面边界,由于底面边界的限制,导致刀路并没有智能化地拐弯。解决的方法是需要另外画个延伸出来的边界范围,具体步骤如下:

1)在下方特意绘制一个方框为延伸的范围,方框大于刀具的半径就可以,如图 8-15 所示。

2)重新串连加工范围,如图 8-16 所示。

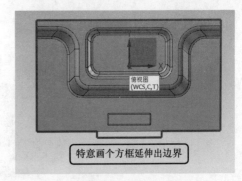

图 8-15　画一个边界延伸出来的方框作为切削范围

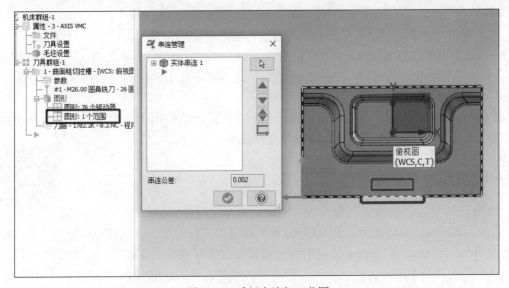

图 8-16　重新串连加工范围

3）重新计算刀路并模拟，如图 8-17 所示。

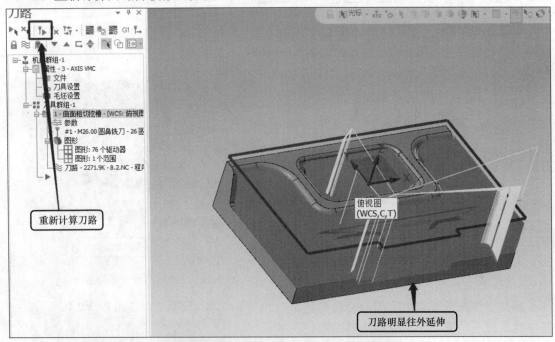

图 8-17　重新计算刀路并模拟

这个方法有个缺点，就是从上到下有很长一段距离走的都是空刀，没有台阶的部位生成的刀路根本不需要往外部延伸。如果只针对以上的工件编写刀路，要优化的话还有两种方法：

1）边界仍然使用之前的，生成刀路之后针对下方未加工到位的凸台边缘，重新用小刀再编写一个程序走一步补刀。

2）通过深度来优化。从毛坯顶部到凸台上方用原始的范围生成刀路，从凸台开始到工件底面加工用图 8-15 所示绘制的边界继续生成刀路。

8.3　粗切残料刀路设置

如图 8-18 所示，将圆弧拐角改成 R10mm。

在实际编程中，为了效率，用 ϕ35mm 的圆鼻铣刀进行粗加工，粗加工后留给下面的步骤余量是 8mm（R18mm–R10mm）。这时直接做二粗加工（也称为半精加工）是不行的，得进行一步粗切的残料加工，也可以称为二粗之前的粗加工补刀。R18mm 是刀具半径 +0.5mm 余量所得，如图 8-19 所示。

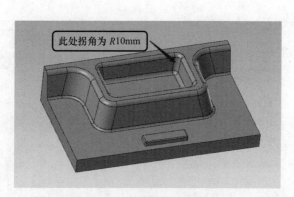

图 8-18　圆弧拐角为 $R10\text{mm}$

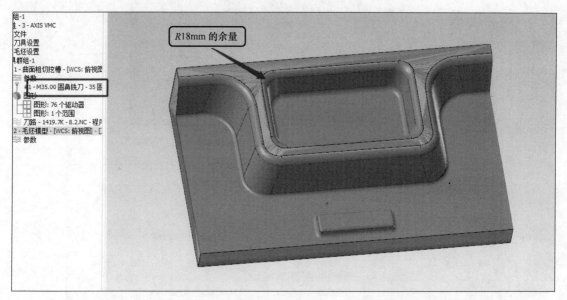

图 8-19　$\phi35\text{mm}$ 的圆鼻铣刀加工完会有 $R18\text{mm}$ 的余量

　　粗切残料刀路的原理就是让软件知道我们粗加工是多大的刀，然后计算剩余的余量和粗加工剩下来的余量，生成针对较厚区域的残料加工。这里可以使用"曲面粗切"里的"残料"命令进行残料加工。具体操作步骤如下：

　　1) 右击刀路管理工具栏，选择"铣床刀路"—"曲面粗切"—"残料"，如图 8-20 所示。

　　2) 选择所有图形为加工曲面，选择 $\phi10\text{mm}$ 铣刀为加工刀具，选择底面为加工范围，加工曲面余量仍然是 0.5mm，在"残料加工参数"里单击"整体公差 …"，如图 8-21 所示，设置圆弧过滤公差参数。

　　3) 剩余毛坯参数设置，如图 8-22 所示，即将粗加工生成的刀路计算后得到的毛坯带入进去计算，软件会通过算法来计算，识别出哪些部位有余量，需要让 $\phi10\text{mm}$ 铣刀进行再次加工。

　　4) 间隙设置提刀为"距离"，如图 8-23 所示。读者可以不设置距离，看看是什么样的结果，对比理解一下。

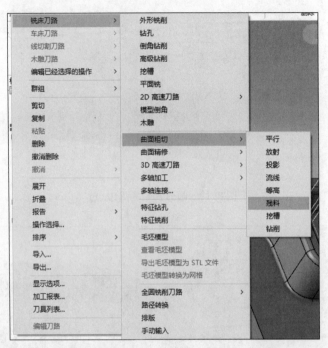

图 8-20　右击刀路管理工具栏，选择"曲面粗切"里的"残料"

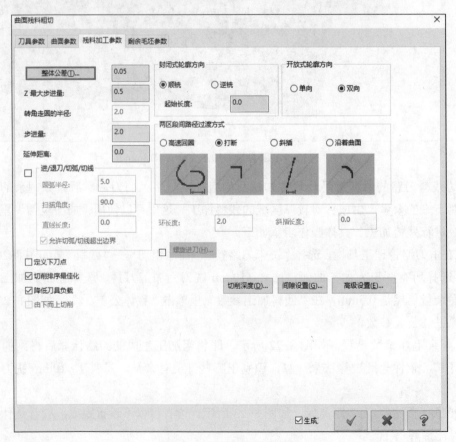

图 8-21　残料加工参数设置

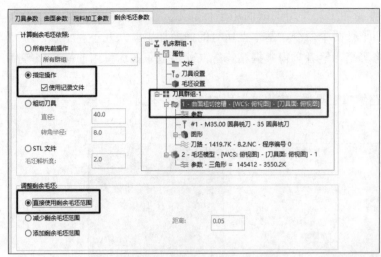
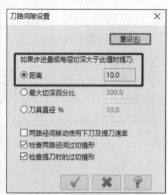

图 8-22　剩余毛坯参数设置　　　　　　图 8-23　刀路间隙设置

5）生成残料刀路，如图 8-24 所示，针对余量较多的区域生成了刀路，方便二粗加工。

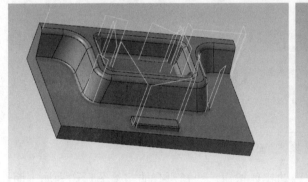

图 8-24　残料刀路

8.4　等高刀路设置

残料刀路编写好之后接下来就是编写二粗刀路，一般编写二粗刀路和精加工刀路用的是同种方法，区别是二粗需要留一点余量。这个图档从右视图看过去，可以看到有明显的陡峭的坡需要加工，我们称之为"爬坡"，如图 8-25 所示。

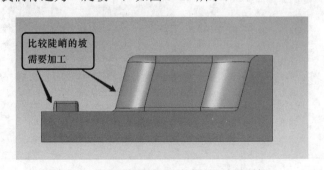

比较陡峭的坡需要加工

图 8-25　从右视图看有比较陡峭的坡需要加工

一般加工陡峭的曲面用等高加工，平坦的曲面用平行加工。所以就有"等高平行走天下的说法"，即学会了等高和平行两个命令，基本上所有的曲面加工就八九不离十了。等高分为曲面粗切等高和曲面精修等高，笔者觉得掌握精修等高就可以了。这里用曲面精修等高做二粗刀路。具体步骤如下：

1）在俯视图状态右击刀路编辑工具栏，依次单击"铣床刀路"—"曲面精修"—"等高"，如图 8-26 所示。

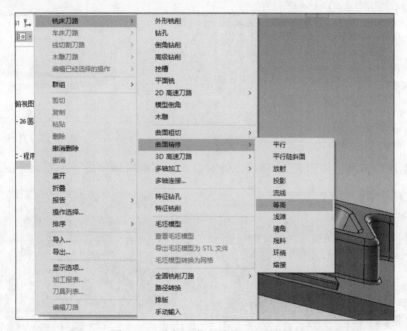

图 8-26　选择"曲面精修""等高"

2）根据提示，单击图 8-27 中线框内的实体按钮，选择所有的实体图形作为加工面，单击"结束选择"。

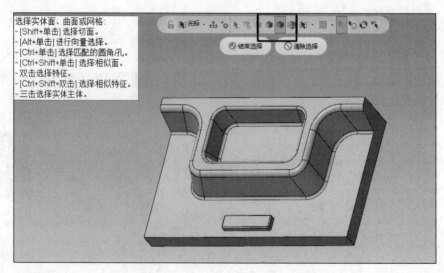

图 8-27　选择所有实体图形为加工面

3）选择范围为"面"，选择工件底面，单击"✓"确定按钮，如图 8-28 所示。

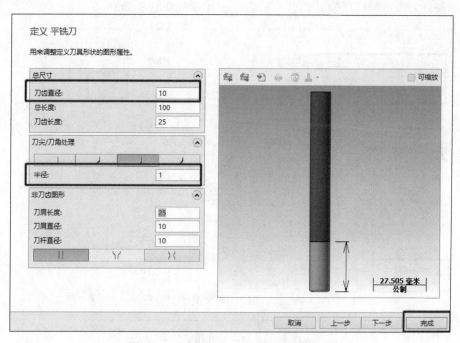

图 8-28　选择底面为加工范围

4）右击创建 ϕ10mm$R$1mm 圆鼻铣刀并设置转速进给，单击"完成"，如图 8-29 所示。如果没有圆鼻铣刀可以直接使用球刀或者平底刀，因为留了 0.2mm 的余量，所以这里对刀具没有要求。

定义 平铣刀

用来调整定义刀具形状的图形属性。

总尺寸	
刀齿直径:	10
总长度:	100
刀齿长度:	25

刀尖/刀角处理	
半径:	1

非刀齿图形	
刀肩长度:	25
刀肩直径:	10
刀杆直径:	10

☐ 可缩放

27.505 毫米
公制

取消　　上一步　　下一步　　完成

图 8-29　创建 ϕ10mm$R$1mm 的圆鼻铣刀

5）设置曲面参数，将"加工面毛坯预留量"设为 0.2，取消勾选"参考高度…"，如图 8-30 所示。

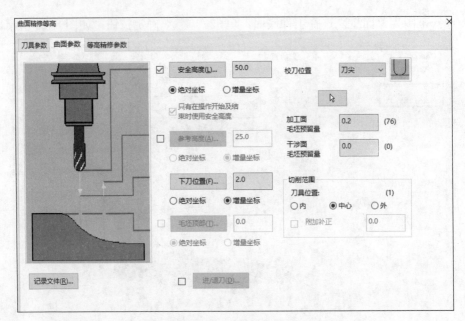

图 8-30　设置曲面参数

6）设置等高精修参数："整体公差…"设为 0.05，"Z 最大步进量"设为 0.5，再单击"整体公差…"，将圆弧过滤公差拖到中间，然后设置"开放式轮廓方向"为"双向"，勾选"切削排序最佳化""降低刀具负载"，如图 8-31 所示。

这里 Z 最大步进量可以自行调节，一般二粗加工是 0.5 ～ 1mm。

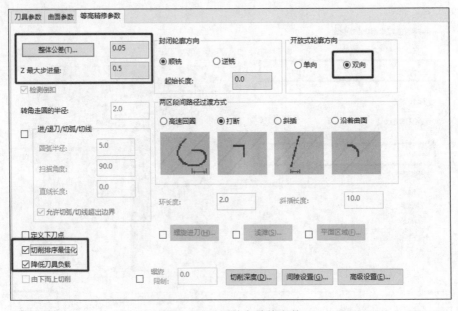

图 8-31　设置等高精修参数

7）设置切削深度为"绝对坐标"，"刀路间隙设置"中"距离"设为 5，如图 8-32 所示。

刀路间隙的含义是如果步进量或每层切削深度大于设定值时提刀，即刀路与刀路通过计算后，在一个临界点会提刀，临界点现在设为 5，刀路与刀路之间超过 5mm 才提刀。

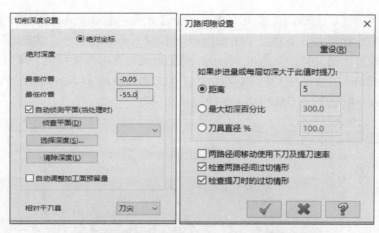

图 8-32 设置切削深度和刀路间隙

8）二粗等高刀路生成，如图 8-33 所示。

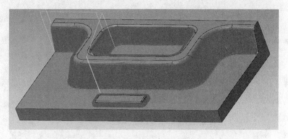

图 8-33 二粗等高刀路

8.5 等高刀路优化

上节说过，精加工刀路的编程方法可以和二粗刀路一致。我们可以直接复制 2 号刀路粘贴成 3 号刀路，将内部的曲面加工余量设置为 0 就可以了，如图 8-34 所示。

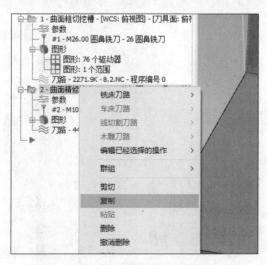

图 8-34 将二粗刀路复制成为精加工刀路

　　一般情况下，精加工都是直接使用球刀。经过分析，图形最低位置的 *R* 角是 5mm，深度有 55mm，如图 8-35 所示。为了保证加工出来效果好，得使用小于 *R*5mm 的球刀加工。但是 ϕ8mm 的球刀如果夹持长度超过 55mm，势必造成加工时产生振刀，所以此处一定要使用 ϕ10mm 或 ϕ12mm 的圆鼻铣刀。这里将精加工的刀具设置成 ϕ10mm*R*1mm 的圆鼻铣刀（另外创建 3 号刀），粗加工的刀具和精加工的刀具需分开。

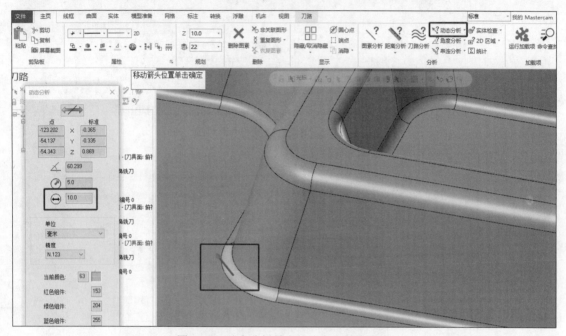

图 8-35　动态分析最小的 *R* 角和加工深度

　　基本参数改好重新计算刀路，发现和二粗加工的等高几乎一样（只是更改余量为 0，所以看不出有什么区别）。

　　现在来分析刀路，看看有没有优化的空间。放大图 8-36 所示 *A* 和 *B* 的刀路，*A* 处可以将刀路设置得更加密集一些，再往外部做个延伸；*B* 处直接在工件上连接会有一些接刀痕。

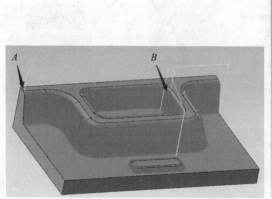

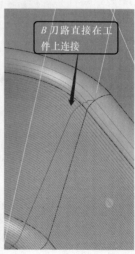

图 8-36　*A*、*B* 处放大看可以优化

这里优化得分开做，无法一起做。具体操作如下：

（1）优化 A 处

1）新建层别，复制图档到层别里，将中间区域的边界线提取出来，如图 8-37 所示。

2）单击"曲面"—"平面修剪"，生成平面，如图 8-38 所示。

3）复制 3 号等高精加工刀路，将平面一起添加到 3 号精加工的曲面里，如图 8-39 所示。

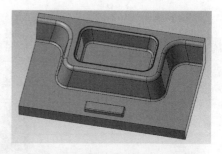

图 8-37　提取中间区域的边界线

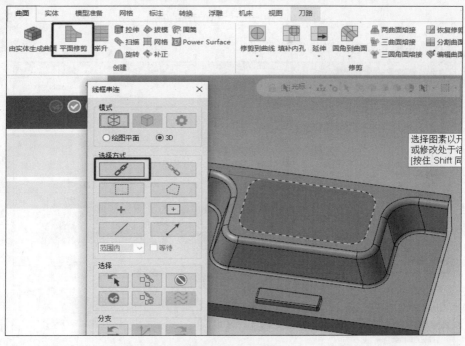

图 8-38　生成平面

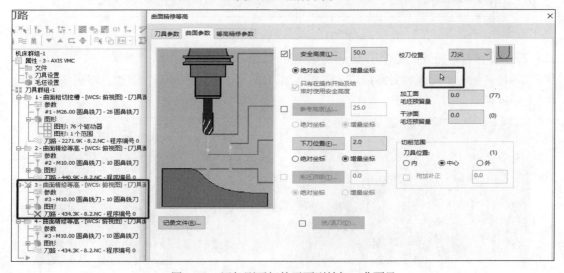

图 8-39　添加刚画好的平面到精加工曲面里

4）生成中间区域没有刀路的刀路，如图 8-40 所示。

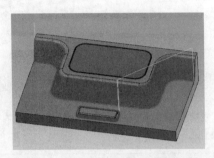

图 8-40　中间区域没有刀路的刀路

5）设置等高精修参数，如图 8-41 所示。

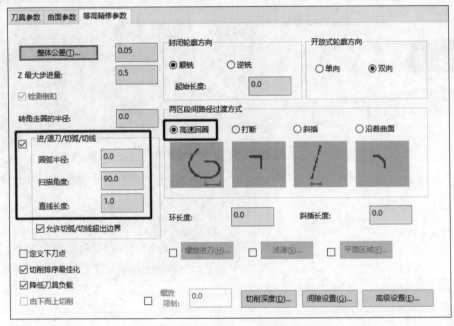

图 8-41　设置等高精修参数

可以看到刀路往外面延伸了 1mm，如图 8-42 所示。

6）等高加工平坦区域刀路稀疏，需要添加刀路，如图 8-43 所示。添加刀路到平坦区域，如图 8-44 所示。

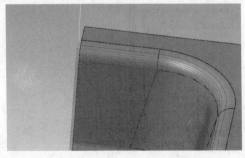

图 8-42　刀路往外部延伸 1mm

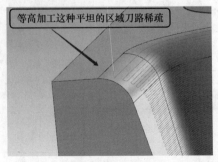

图 8-43　等高加工平坦区域刀路稀疏

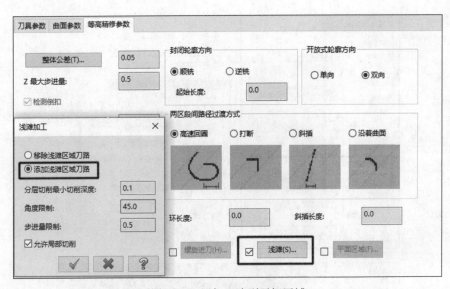

图 8-44　添加刀路到平坦区域

7）添加刀路，如图 8-45 所示。

图 8-45　添加刀路

8）如果还需要再次添加刀路的话，就再复制一个刀路，然后在加工范围里串连引导线进去。具体步骤为：单击图 8-46 所示的曲面精修等高参数的选择箭头，在弹出的"刀路曲面选择"对话框中选择切削范围，单击鼠标右键添加实体串连，如图 8-46 所示。

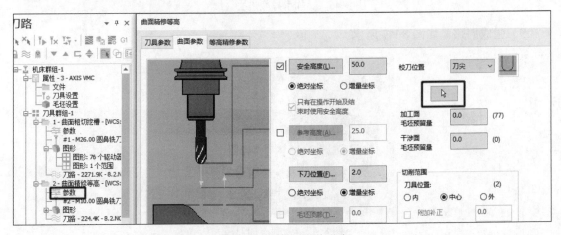

图 8-46　添加引导线进去

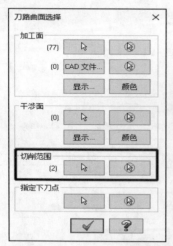

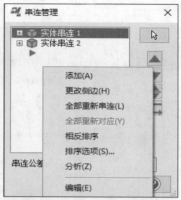

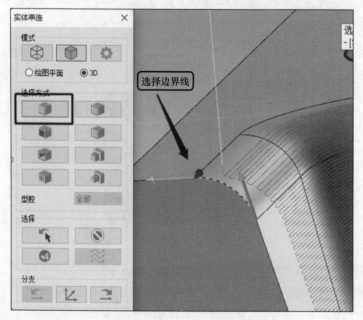

图 8-46　添加引导线进去（续）

9）生成刀路，如图 8-47 所示。

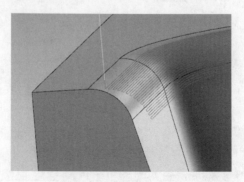

图 8-47　强制添加刀路

10）把原来刀路设置的起始深度改一下，让两个刀路衔接起来，如图 8-48 所示。

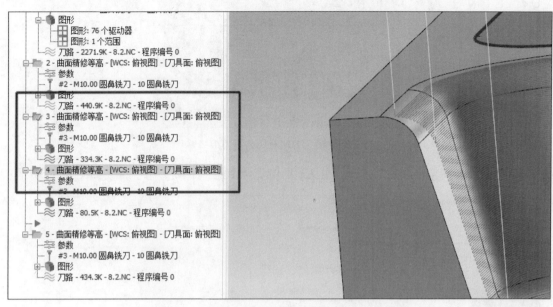

图 8-48　两个刀路衔接起来

这样开放区域 A 的刀路优化完毕。

（2）优化 B 处

1）在新建图层里将刀路的范围限制在中间区域，如图 8-49 所示。

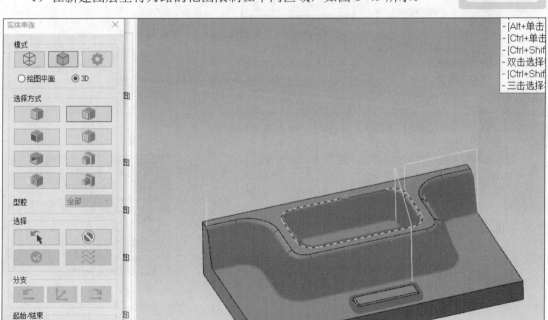

图 8-49　限制范围在中间区域

2）重新计算刀路，如图 8-50 所示，有明显的接刀痕。

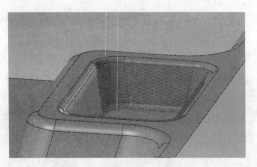

图 8-50　刀路有明显接刀痕

3）单击"等高精修参数"，选择"高速回圈"，设置"环长度"为 2.0，如图 8-51 所示。

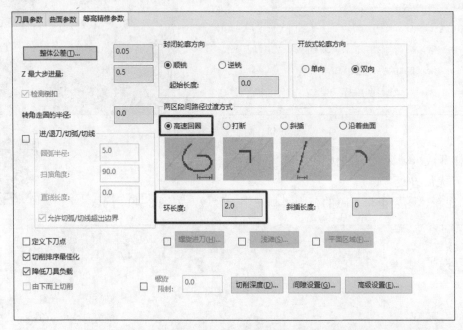

图 8-51　设置等高精修参数

4）生成有螺旋切入的刀路，如图 8-52 所示。

封闭 B 区域优化完毕。

8.6　曲面的底面精加工设置

侧边已经用等高加工完毕，后续只需将底平面加工到位，该工件就加工完成。加工底面用曲面粗切挖槽功能就可以满足。具体步骤如下：

图 8-52　有螺旋切入的刀路

1）选择"铣床刀路"—"曲面粗切"—"挖槽"，弹出"曲面粗切挖槽"对话框，其操作和之前的粗加工一模一样。刀具选择等高加工的 ϕ10mm 圆鼻铣刀，曲面余量全部设为 0。在"粗切参数"选项卡下勾选"铣平面""螺旋进刀"，如图 5-53 所示，这样就只针对平面进行生成刀路，而侧边挖槽的刀路全部修剪掉。

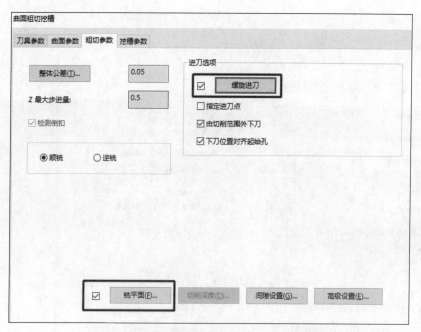

图 8-53　勾选"铣平面 ..."和"螺旋进刀"

2）设置铣平面参数和螺旋 / 斜插进刀参数，在"螺旋进刀"旁边是"斜插进刀"，具体设置如图 8-54 所示。

3）挖槽参数可以用等距环切也可以用高速切削，注意是"平面"设置为 65.0%，如图 8-55 所示。这里的 65.0% 也是估算值，设置为 70.0% 也可以，前提是设置完毕必须保证所有面均加工到位。

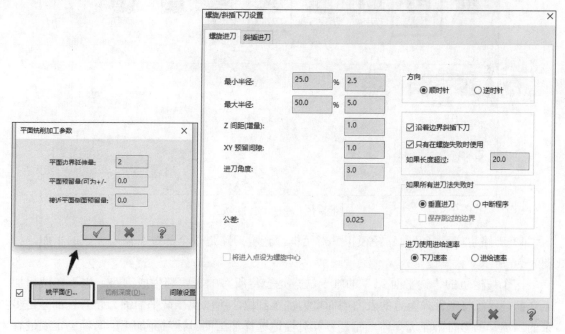

图 8-54　设置铣平面参数和螺旋 / 斜插进刀参数

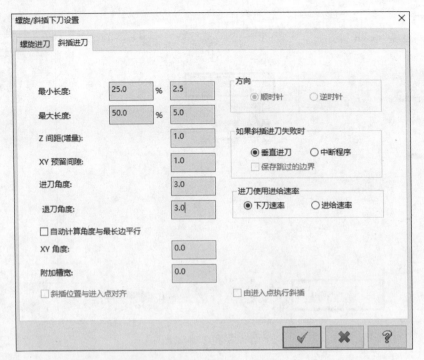

图 8-54　设置铣平面参数和螺旋 / 斜插进刀参数（续）

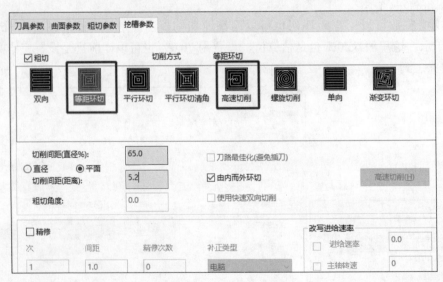

图 8-55　挖槽参数设置

4）刀路生成，打开"路径模拟"对话框，查看刀路是否全部覆盖需要加工的平面，如图 8-56 所示。

这个挖槽里的"铣平面…"的唯一缺点是会将所有的平面都生成刀路。由于在做粗加工之前，已经将工件最上方的表面用面铣刀加工到位，所以现在铣平面的刀路有一部分是多余的。选择图形时不能选择体，而是有针对性地选择加工面。针对面加工的时候一定要进行实体模拟，因为计算的面没有计算侧边，会过切，应谨慎使用。

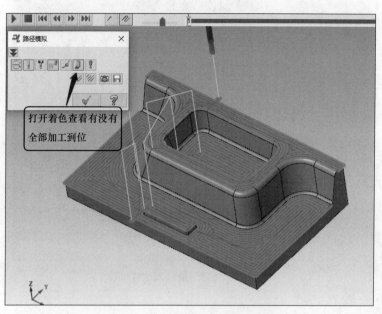

图 8-56　查看刀路是否覆盖全部面

其实，也可以不选择"铣平面…"，而是直接指定挖槽深度来计算。例如只需要加工最低的深度底面，设置切削深度的"最高位置"为 −55，"最低位置"为 −55.0，如图 8-57 所示。重新计算，计算结果如图 8-58 所示。

加工面前的小凸台表面和里面的腔体底部如何操作？留给读者作为课后作业。提示：通过限制深度和加工范围来设置，或者单独选择面来操作。

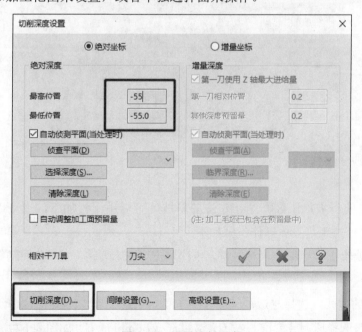

图 8-57　设置切削深度

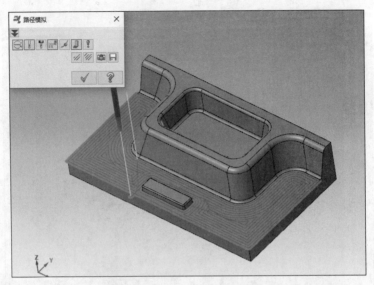

图 8-58 只加工最底部的深度面

8.7 平行刀路设置

平行刀路是曲面精加工里用得非常多的刀路，设置比等高简单一些。如图 8-59 所示模具，用传统曲面粗切挖槽之后做精加工，可以用平行刀路。

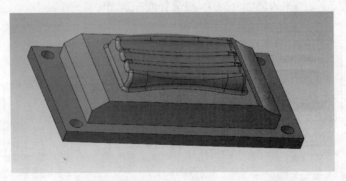

图 8-59 模具

我们以左边的斜坡加工做介绍，左边的斜坡既可以用平行加工，也可以用等高加工。本节内容采用平行加工，具体操作步骤如下：

1）在刀路编辑工具栏单击鼠标右键，依次单击"铣床刀路"—"曲面精修"—"平行"，如图 8-60 所示。

2）选择面的方式，选择左边加工面，单击"结束选择"，如图 8-61 所示。

3）刀具一般选择球刀或者圆鼻铣刀，这里选择 ϕ6mm 球刀，如图 8-62 所示，右击，选择"创建刀具 ..."，选择"球形铣刀"，"刀齿直径"设为"6"。

图 8-60　选择曲面精修平行

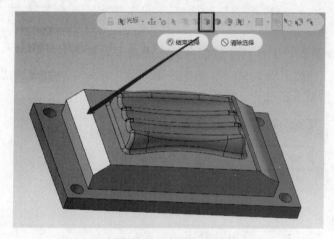

图 8-61　选择加工面

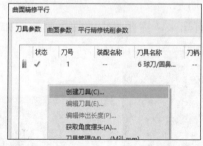

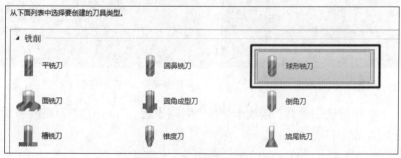

图 8-62　选择 ϕ6mm 球刀

图 8-62　选择 ϕ6mm 球刀（续）

4）不留曲面余量，"平行精修铣削参数"选项卡设置"整体公差"为 0.025，打开圆弧过滤公差，"加工角度"设为 90，"最大切削间距"设为 0.2（一般精加工设为 0.2 ~ 0.3 就可以，具体看工件表面要求），如图 8-63 所示。

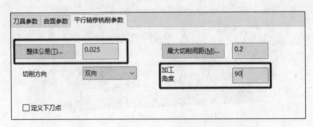

图 8-63　设置平行精修铣削参数

5）生成刀路，如图 8-64 所示。

6）放大看刀路，刀路没有出来，需要将刀路做个延伸，如图 8-65 所示。

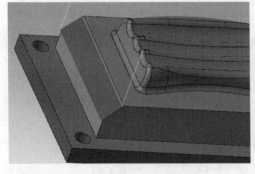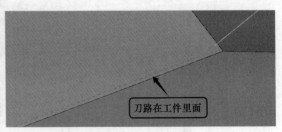

图 8-64　刀路　　　　　　　　　　图 8-65　刀路刚好到工件表面，没有延伸

7）单击"平行精修铣削参数"选项卡下的"间隙设置 ..."，弹出"刀路间隙设置"对话框，设置参数，如图 8-66 所示。

8）刀路生成，有个明显的平滑延伸，如图 8-67 所示。

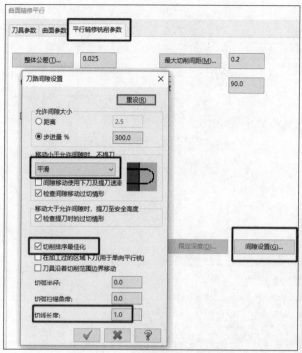

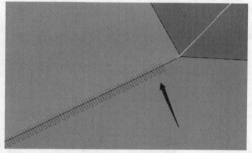

图 8-66　设置刀路间隙各项参数　　　　　图 8-67　刀路有明显的平滑延伸

左边斜坡用平行刀路编好，各位读者可以拿右边的曲面做练习，方法和左边一模一样。现在用平行加工中间的复杂曲面。这里只需设置平行的角度就可以。具体步骤如下：

1）在刀路编辑工具栏处单击鼠标右键，依次单击"铣床刀路"—"曲面精修"—"平行"，选择中间凸起曲面为加工面，如图 8-68 所示。

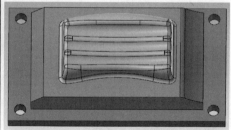

图 8-68　选择中间曲面为加工面

2）选择 ϕ6mm 球刀，设置"加工角度"为 45.0，如图 8-69 所示。

3）生成刀路，如图 8-70 所示，左上和右下有几个提刀。

4）单击"平行精修铣削参数"—"间隙设置 ..."，设置"允许间隙大小"的"距离"为 5（即刀路与刀路之间超过 5mm 才提刀），如图 8-71 所示。

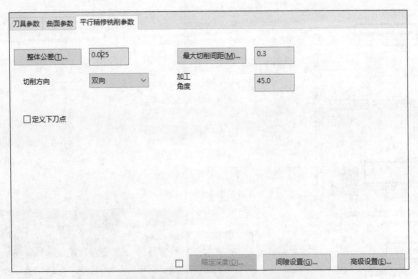

图 8-69　设置"加工角度"为 45.0

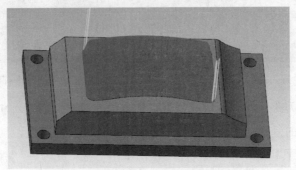

图 8-70　刀路（有提刀）

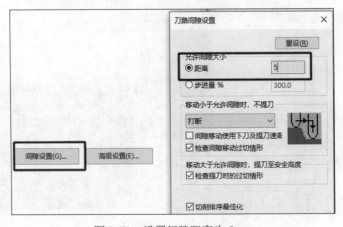

图 8-71　设置间隙距离为 5mm

5）优化刀路，如图 8-72 所示。默认的是步进量为 300.0% 提刀，步进量设置的是最大切削间距为 0.3mm，0.3mm×3=0.9mm，步距与步距超过 0.9mm 就提刀，所以这里设为 5mm，远远超过刀路计算的间距。读者看得可能有点懵，没关系，只需要知道设置一个数值让刀路不提刀就行。

刀路看起来没问题，但是放大后发现：右下角的刀路并没有将工件很好地覆盖（左上角也是一样），如图 8-73 所示。

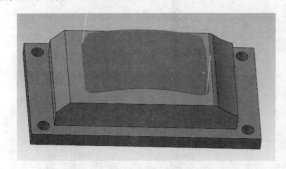

图 8-72　优化的刀路

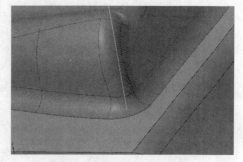

图 8-73　刀路比较稀疏

我们得再生成一个 –45°的刀路进行互补。这里通过范围来生成刀路。如图 8-74 所示，在俯视图方向绘制 2 个方框，用于限制 –45°平行刀路。具体步骤如下：

1）复制刚刚生成的 45.0°平行刀路并粘贴。

2）"加工角度"设为 –45，如图 8-75 所示。

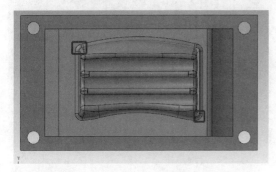

图 8-74　左上和右下分别绘制 2 个方框

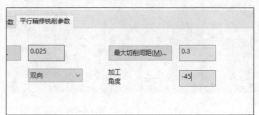

图 8-75　设置"加工角度"为 –45

3）设置范围，单击选择箭头—"切削范围"，选择左上和右下的线框为加工范围，如图 8-76 所示。

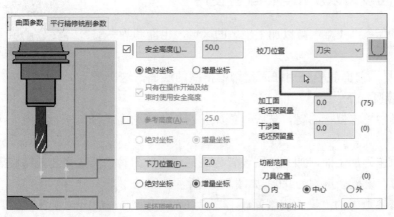

图 8-76　设置加工范围为左上和右下的方框

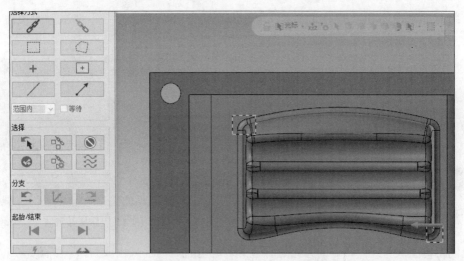

图 8-76   设置加工范围为左上和右下的方框（续）

4）生成针对左上和右下的平行刀路，正好可以和之前的 45°刀路互补，如图 8-77 所示。

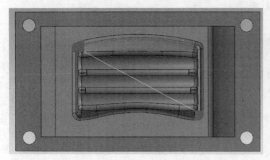 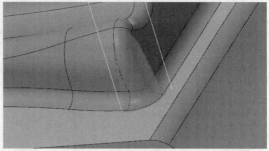

图 8-77   正好可以和之前的 45°刀路互补

以上就是平行刀路的设置方法。一个等高一个平行，两两配合，能够将绝大多数的曲面加工出来，所以就有一句话"等高平行走天下"。

8.8   浅滩加工水平面设置以及和等高配套使用

3D 曲面精修里有个命令"浅滩"可以加工平坦的区域，也能和等高配套使用。

打开曲面等高的素材，前面我们是用曲面粗切挖槽做的底面，这次用浅滩命令来加工。具体步骤如下：

1）在刀路编辑工具栏单击鼠标右键，选择"铣床刀路"—"曲面精修"—"浅滩"，如图 8-78 所示。

2）选择所有的曲面作为加工面，加工范围设置为底部边界，刀具仍然选择之前精修等高用的 ϕ10mm 圆鼻铣刀，设置余量均为 0.0，如图 8-79 所示。

3）设置"浅滩精修参数"的"最大切削间距 …"为 6.0（用 ϕ10mm$R$1mm 圆鼻铣刀，有效切削直径是 8mm，这里的 6.0 并不是固定的，可以根据情况调整），如图 8-80 所示。

图 8-78　选择曲面精修浅滩

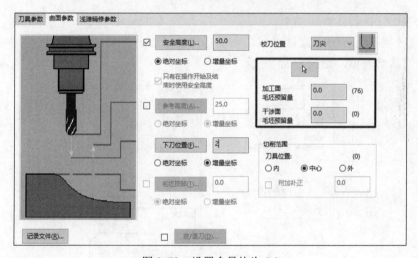

图 8-79　设置余量均为 0.0

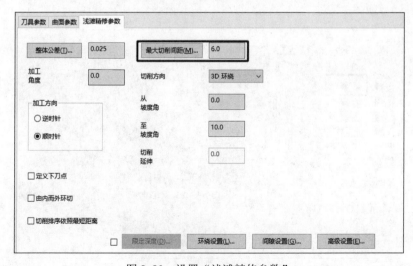

图 8-80　设置"浅滩精修参数"

4）单击"环绕设置…"，在弹出的"环绕设置"对话框中取消勾选"将限定区域边界存为图形"，如图 8-81 所示。

5）生成刀路，和曲面粗切挖槽生成的刀路差不多，如图 8-82 所示。

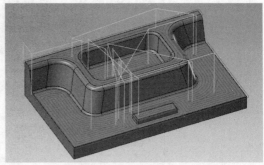

图 8-81　取消勾选"将限定区域边界存为图形"　　　　图 8-82　刀路

现在来做优化，具体步骤如下：

1）中间区域不需要加工，可以在切削范围里再串连一个切削范围，这样就可以将中间封闭的区域刀路修剪掉，如图 8-83 所示。

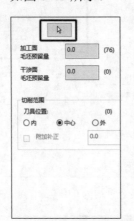

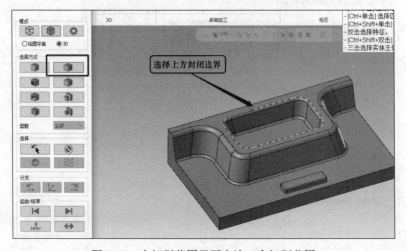

图 8-83　在切削范围里再串连一个切削范围

优化后的刀路如图 8-84 所示。

2）表面上的刀路不需要，可以直接通过深度来限制，选择"限定深度 …"，设置最高和最低深度为一致的底部 Z 坐标，如图 8-85 所示。生成刀路，如图 8-86 所示。

3）提刀需要优化：更改间隙为 50.0，这个 50.0 的数据也是大概，不需要精确，只需要超过提刀的间隙，让刀路减少提刀就可以，如图 8-87 所示。优化后的刀路如图 8-88 所示。

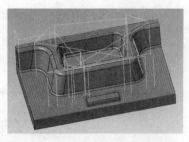

图 8-84　内部封闭式的刀路移除

图 8-85　设置深度为底部 Z 坐标

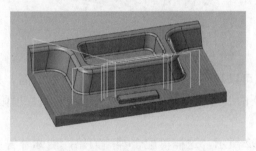

图 8-86　顶部刀路通过深度限制移除

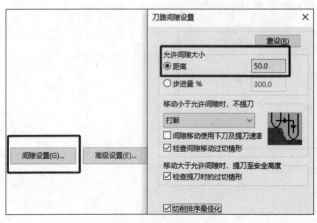

图 8-87　设置间隙为 50.0

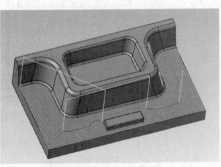

图 8-88　优化后的刀路

4）有的客户有双向刀纹的要求，可以如图 8-89 所示来设置。

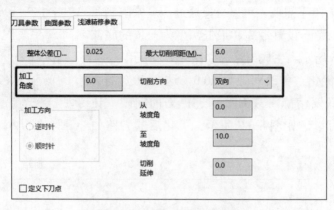

图 8-89　双向刀纹参数设置

生成刀路，如图 8-90 所示。在与工件壁边相连接的地方衔接得不好，需要用外形铣来配合，外形铣刀路读者自行完成。

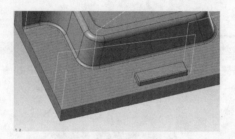

图 8-90　双向刀路

5）曲面精修浅滩也可以和等高配合加工等高刀路稀疏的面。只需将"浅滩精修参数"选项卡下的坡角度设置成 1.0°～38.0°，再将深度限制好，如图 8-91 所示。

刀路生成，如图 8-92 所示。这样再配合等高刀路，能弥补等高平坦区域刀路稀疏的问题。

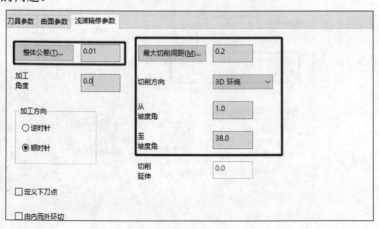

图 8-91　设置坡角度为 1.0°～38.0°

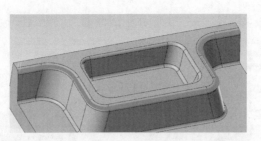

图 8-92　刀路

8.9　曲面流线精加工设置

在曲面加工里，精加工非常好用的方法是"曲面流线"，生成的刀路挺好看，但是有一定局限性，要求曲面的 UV 线要好。

曲面 UV 线的含义：可以将一个曲面想象成一张布，布是用线织起来的，织布机在织布的时候分经线和纬线，这个经纬线就是 UV 线。织布的时候，可以是循规蹈矩地顺着边界来，也可以和边界成一个角度，如图 8-93 所示。我们只需提取线之后，同时按下 <ALT+S> 键，就能显示出面的 UV 形态。用曲面流线的方法编程，生成的刀路就完全和 UV 的走向一致。

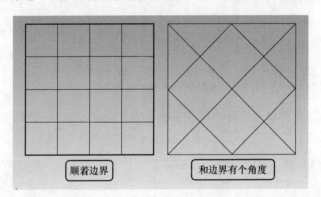

图 8-93　UV 线可能是顺着的，也可能是带角度的

使用"回流 UV"命令可以改变 UV 线的走向，如图 8-94 所示。如果还不能解决，可以直接将面的边界线提取出来，然后重新绘制网格曲面。

图 8-94　使用"回流 UV"可以解决部分 UV 线走向问题

用曲面流线精加工来加工上节浅滩加工的平面，比较会发现，标准的精加工场景应该选用流线精加工。具体操作如下：

1）新建层别，单击"曲面"—"由实体生成曲面"，隐藏其他图层，如图 8-95 所示。

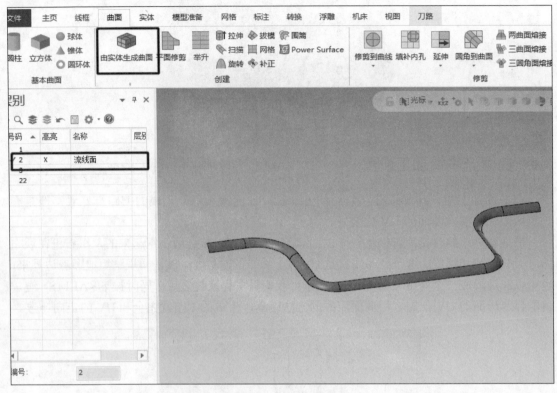

图 8-95　实体生成曲面

2）在刀路编辑工具栏单击鼠标右键，依次单击"铣床刀路"—"曲面精修"—"流线"，如图 8-96 所示。

图 8-96　选择曲面精修流线

3）选择所有的曲面，单击"结束选择"，在弹出的"刀路曲面选择"对话框中单击"曲面流线"，设置切削方向，如图 8-97 所示。

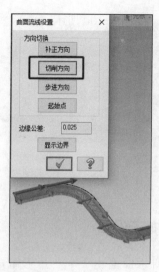

图 8-97　设置切削方向

4）选择之前精修的 ϕ10mm 圆鼻铣刀，曲面余量设置为 0。

5）设置曲面流线精修参数：整体公差改成 0.01，单击"整体公差 …"，设置圆弧过滤公差；设置切削距离为 0.2，如图 8-98 所示。

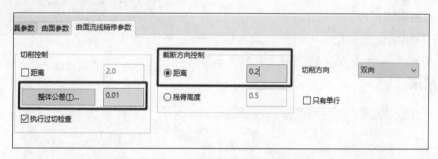

图 8-98　设置曲面流线精修参数

6）间隙设置如图 8-99 所示，让刀路延伸出曲面 1mm，并平滑过渡。

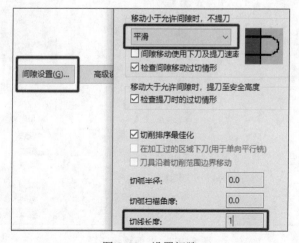

图 8-99　设置间隙

195

7）生成刀路，如图 8-100 所示。

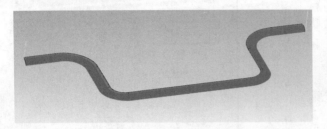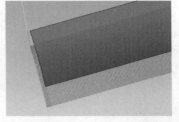

图 8-100　流线刀路

8.10　环绕精加工设置

如图 8-101 所示曲面由 2 个三角形组成，看
起来比较平坦，除了用之前介绍的平行铣编程外，
也可以使用环绕刀路。环绕刀路的含义是刀路走
向是"环绕在外圈边界往中间集中，用固定的加
工步距加工"。

环绕刀路生成程序的步骤如下：

1）在刀路编辑工具栏单击鼠标右键，依次单
击"铣床刀路"—"曲面精修"—"环绕"，如
图 8-102 所示。

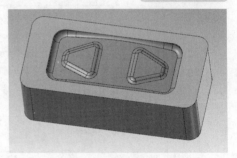

图 8-101　曲面斜度低于 30° 的平坦面，
可以用环绕刀路

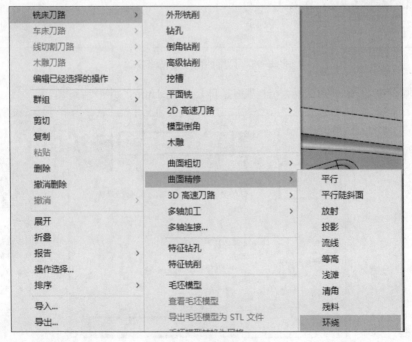

图 8-102　曲面精修环绕

2）选择加工图形为其中 1 个三角形，如图 8-103 所示。

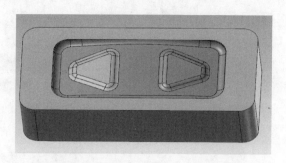

图 8-103　加工面选择其中 1 个三角形

3）选择 1 把球刀，这里选择 ϕ4mm 球刀。

4）设置"曲面参数"的"加工面毛坯预留量"为 0.0，"安全高度"为 50.0，并取消勾选"参考高度"如图 8-104 所示。

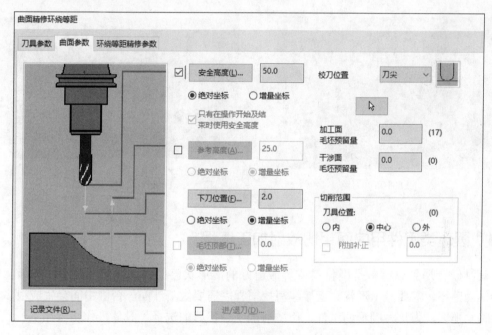

图 8-104　设置安全高度和加工面的余量

5）设置环绕等距精修参数：设置整体公差、最大切削间距，如图 8-105 所示。"间隙设置"里勾选"切削排序最佳化"，如果有提刀就修改"允许间隙大小"里的"距离"。

6）生成刀路，如图 8-106 所示。

个人感觉这种刀路还是比平行刀路要好看一些。图 8-107 为全部刀路的截图，读者课后练习一下，这里不一步一步演示，具体步骤和单个操作一样，只需将要生成刀路的面选择全就可以。

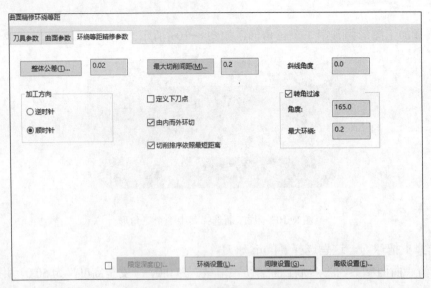

图 8-105　设置环绕等距精修参数

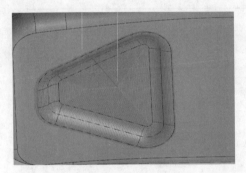

图 8-106　刀路

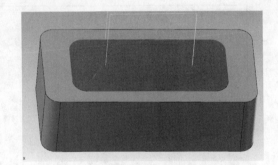

图 8-107　全部刀路

8.11　圆环类工件用曲面粗切放射加工编程

有时候会遇到原材料是型材料或者锻造好的，形状已经固定，如图 8-108 所示，空心管料作为毛坯，需要做出形状。直接编写挖槽程序需要做干涉面，否则中间会生成很多无用的刀路。那么，像这种圆形的工件，用放射加工是极好的选择。具体操作步骤如下：

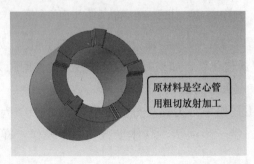

图 8-108　原材料是空心管，可以用粗切放射加工

1）在刀路编辑工具栏单击鼠标右键，选择"铣床刀路"—"曲面粗切"—"放射"如图 8-109 所示。

图 8-109 选择曲面粗切的放射

2）选择工件形状为"凹"，选择所有的图形为粗加工图形，设置加工边界为内外圈边界，如图 8-110 所示。

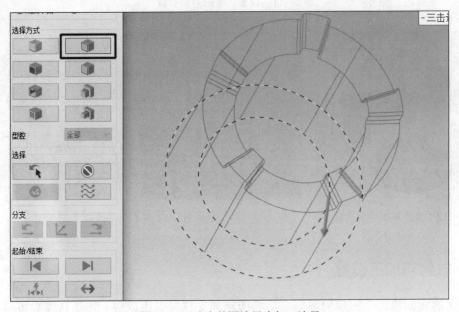

图 8-110 选内外圈边界为加工边界

3）选择 1 把平铣刀作为加工刀具，这里设置 ϕ20mm 铣刀。

4）设置加工余量为 0.5mm。

5）设置"放射粗切参数"，如图 8-111 所示。

6）设置加工深度，捕捉最低点。设置放射中心点为圆心，如图 8-112 所示。

生成刀路并模拟，如图 8-113 所示。

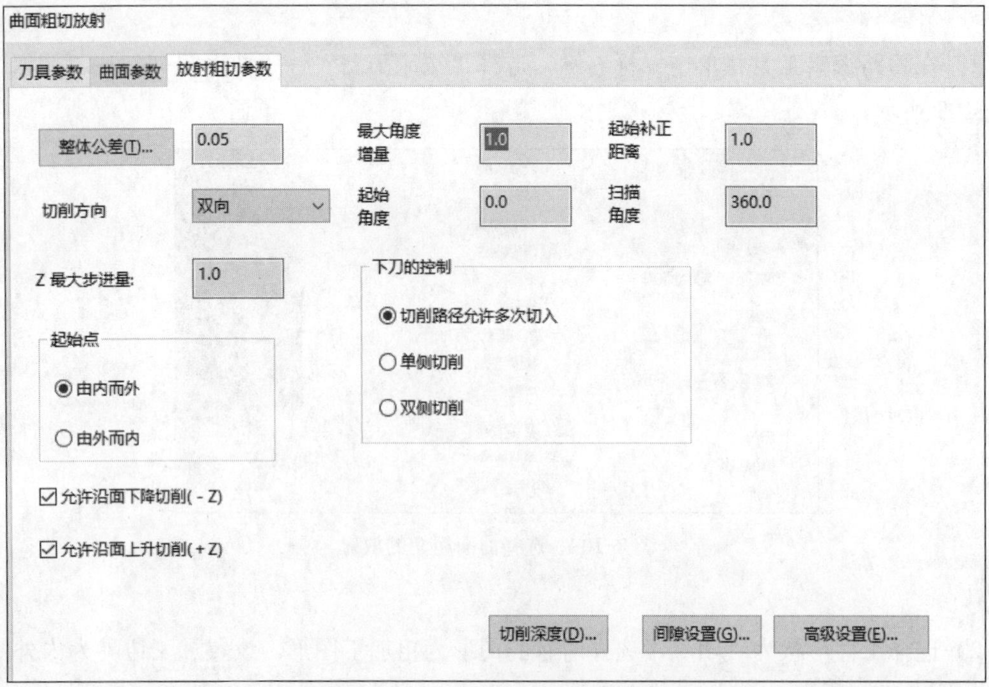

曲面粗切放射

刀具参数　曲面参数　放射粗切参数

整体公差(T)...　0.05　　最大角度增量　1.0　　起始补正距离　1.0

切削方向　双向　　起始角度　0.0　　扫描角度　360.0

Z 最大步进量：　1.0

下刀的控制
- ⦿ 切削路径允许多次切入
- ○ 单侧切削
- ○ 双侧切削

起始点
- ⦿ 由内而外
- ○ 由外而内

☑ 允许沿面下降切削(-Z)

☑ 允许沿面上升切削(+Z)

切削深度(D)...　间隙设置(G)...　高级设置(E)...

图 8-111　设置"放射粗切参数"

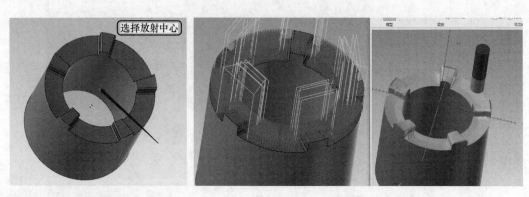

图 8-112　设置放射中心为圆心　　　图 8-113　生成刀路并模拟

8.12　放射精加工设置

上面的曲面粗加工用放射编好，后续的精加工也可以用放射。所以，读者可以想到，放射的应用场景就是这种圆环状工件。精加工的设置和粗加工几乎一样，现在用 ϕ3mm 球刀对它做放射精加工的编程。如图 8-114 所示，设置"最大角度增量"为 0.5，放射精加工的步距单位是根据角度来的，而不是平常所使用的 mm。"扫描角度"设为 360.0，就是生成一圈 360.0°刀路，如果扫描角度是 180.0°，则只生成一半的刀路。

刀路生成，如图 8-115 所示，竖直方向没有刀路，这是因为放射刀路的特性：无法加工和放射方向相切的部位。

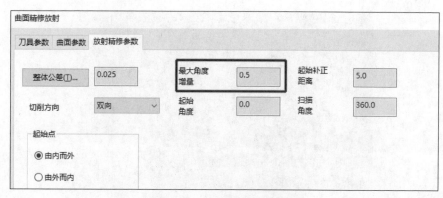

图 8-114　设置放射精修参数

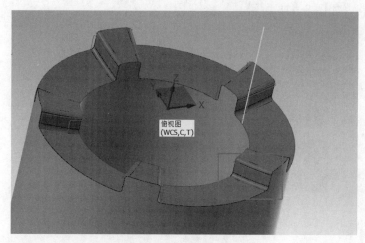

图 8-115　放射精加工刀路

8.13　曲面精修熔接设置

上节我们将放射精加工设置好，发现侧边没有生出刀路。除了可以使用等高精修外，还可以使用精修熔接刀路来弥补。

曲面熔接生成刀路的原理和 2D 熔接一样，需要两条边界线，然后再包含边界线以内的曲面。具体步骤如下：

1）在刀路编辑工具栏单击鼠标右键，依次单击"铣床刀路"—"曲面精修"—"熔接"。

2）选择加工面，如图 8-116 所示。

3）选择上方和下方边界熔接曲线，如图 8-117 所示。

4）选择 ϕ3mm 球刀，曲面余量设置为 0。

5）整体公差设置为 0.02mm，圆弧过滤公差打开，切削方式设为"双向"。

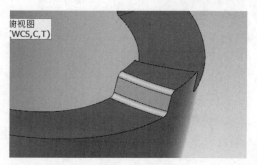

图 8-116　选择加工面

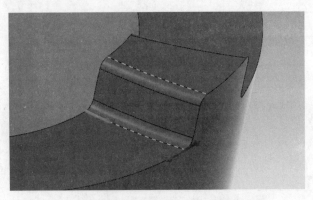

图 8-117　选择上方和下方边界为熔接曲线

6）生成刀路，如图 8-118 所示。

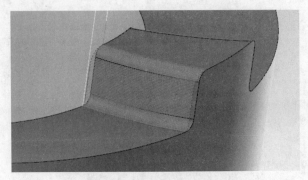

图 8-118　曲面精修熔接刀路

第❾章 3D 高速刀路编程 >>>

9.1 3D 优化动态粗切设置

Mastercam 2022 版本多了一些 3D 高速，比较好用的是 3D 动态粗切和用毛坯模型修剪刀路的方法，其余高速精加工的方法和传统的精修刀路相比都差不多，只多了个进/退刀。

与 2D 动态铣相对应的是 3D 优化动态粗切，应用在粗加工领域十分广泛，尤其适合加工铝合金铜合金之类不是非常硬的材料。如图 9-1 所示模具需要粗加工，本节讲解 3D 优化动态粗切生成步骤。具体步骤如下：

1）设置"毛坯"为"所有实体"。

2）单击"优化动态…"—"模型图形"，选择所有的图形为加工图形，设置"底面预留…"（余量）为 0.5，如图 9-2 所示。

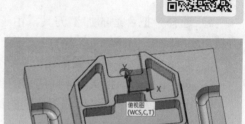

图 9-1　用 3D 优化动态粗切编程

图 9-2　选择图形并设置参数

3）单击"刀路控制"，勾选"包括轮廓边界"，如图9-3所示。包括轮廓边界的含义是：在俯视图状态下看到的所有的图素的范围设为加工边界，也可以不勾选而使用"边界串连"的箭头去串连实体边界。这里建议取消勾选"包括轮廓边界"，而使用"边界串连"串连边界范围。

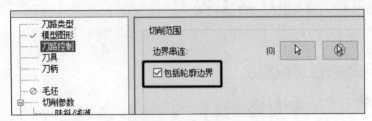

图9-3　设置切削范围

4）选择一把合适的加工刀具，由于是动态加工，选择立铣刀，选择ϕ12mm 立铣刀，刃长30mm。

5）如图9-4所示，设置优化上铣和优化下铣步进量。切削参数主要有3项：

① 步进量距离：指 XY 方向的切削步距。

② 分层深度：刀具直接侧刃切削的深度方向距离。

③ 步进量：勾选"步进量"，由于是曲面加工，指刀具一刀下去之后往上加工的 Z 轴分层距离。

这三项设定的数据只能参考，具体需要根据加工的材料和采购的刀具质量，凭经验设置。

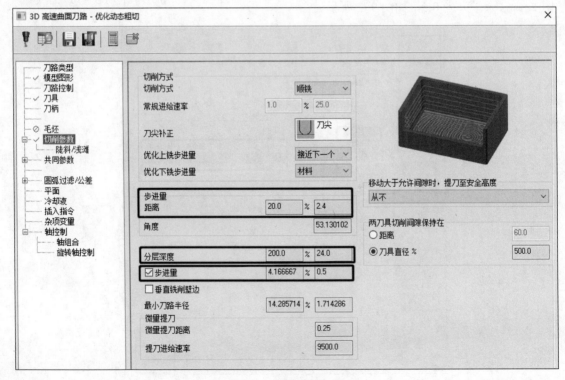

图9-4　设置切削参数

6）选择"陡斜 / 浅滩"，单击"检查深度"，如图 9-5 所示，软件会自动计算最高点位置和最低点位置，如果生成的刀路 Z 最低点余量稍微有点多，勾选"调整毛坯预留量"。

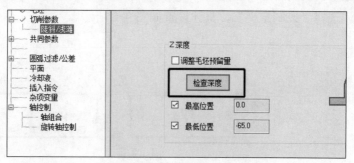

图 9-5 设置深度

7）取消垂直的圆弧切入和切出，提刀可设置为绝对值，也可以设置为增量值，如图 9-6 所示。

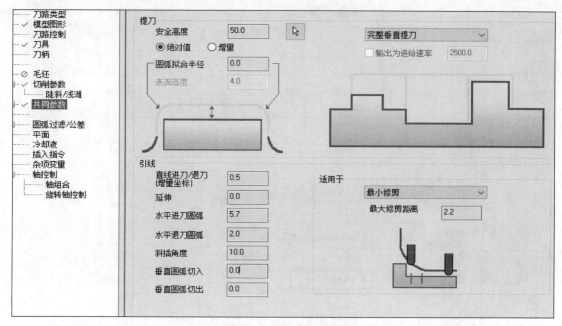

图 9-6 设置共同参数

8）生成刀路，如图 9-7 所示。

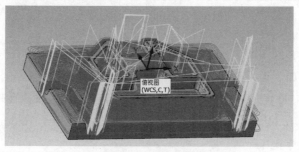

图 9-7 生成刀路

如果觉得提刀高，可以在"共同参数"里设置"安全高度"为"增量"50.0，"完整垂直提刀"改成"最小垂直提刀"。设置增量得确保机床的控制定义正确。单击"机床"，选择"机床定义"，选择"控制定义"，具体设置如图9-8所示。

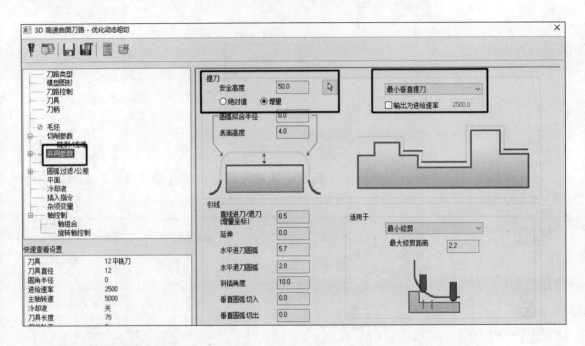

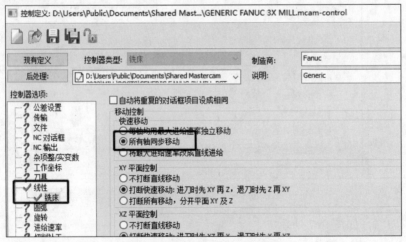

图9-8　设置所有轴同步移动

观察刀路，可以看到图形上 $\phi16.5$mm 的孔有一步螺旋下刀，如图9-9所示。

一般第一次的粗加工是不加工孔的，常规的操作是将孔补起来，因为有的孔是螺纹孔，已经提前加工好。在3D优化动态粗切的刀路设置里，单击"刀路控制"，勾选"跳过挖槽区域"，设置为小于16.6mm，如图9-10所示，意思是直径小于16.6mm的孔或者区域不再生成刀路，就不需要补孔。

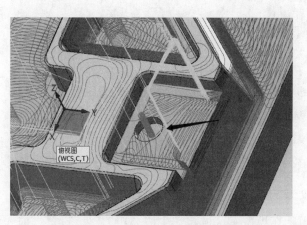

图 9-9　φ16.5mm 的孔有明显的螺旋下刀

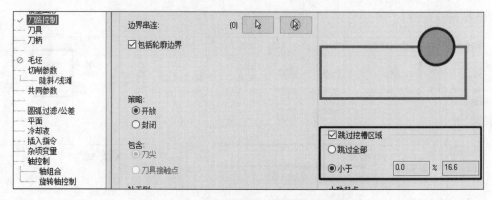

图 9-10　设置跳过挖槽区域

生成的刀路如图 9-11 所示，孔里就不再有刀路。

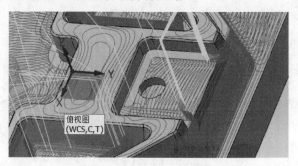

图 9-11　φ16.5mm 孔里刀路移除

9.2　用毛坯模型 + 区域粗切生成二粗刀路

上节我们将一粗做完，两侧的圆弧槽没有加工到底，留有一些余量，如图 9-12 所示。

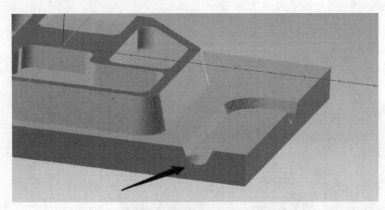

图 9-12 圆弧槽没有加工到底，需要继续加工

本节教读者使用毛坯模型＋区域粗切生成二粗刀路。设置之前一定要先将机床群组 1 下方的"毛坯设置"做好。具体操作如下：

1）单击"毛坯模型"—"毛坯设置"，输入"名称"为"1"（名称可随便起），如图 9-13 所示。

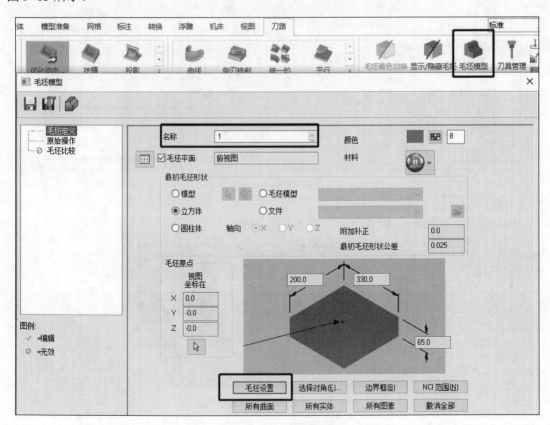

图 9-13 设置毛坯模型

2）单击"原始操作"，选择 1 号动态粗切的刀路，如图 9-14 所示，单击"✔"按钮。

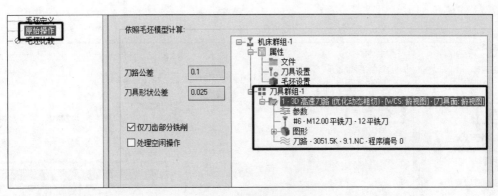

图 9-14　设置原始操作

3）得到毛坯模型，如图 9-15 所示。软件计算毛坯模型的算法是使用原始的四方形毛坯，在经过 1 号刀路的动态粗切计算加工之后，得到的一个结果。

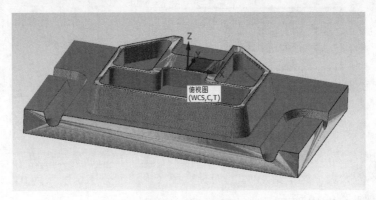

图 9-15　毛坯模型

毛坯模型生成后就可以基于毛坯模型生成二粗刀路。即告诉软件，现在已经将一粗做完，做完的结果就是编号为 2 的毛坯模型，后续生成刀路只针对一粗未加工到位的部位生成刀路。一般选择 3D 高速区域粗切作为二粗的编程，具体步骤如下：

1）选择 3D 高速的"区域粗切"，如图 9-16 所示。

2）选择所有的图形作为加工图形，底面预留量设置得比之前的粗加工多一点，这里设置为 0.6，如图 9-17 所示。

图 9-16　选择 3D 高速的"区域粗切"

图 9-17　底面预留量设置

3）选择切削范围，勾选"包括轮廓边界"。

4）选择 φ4mm 铣刀。

5）单击"毛坯"—"指定操作"，选择 2 号毛坯模型，具体设置如图 9-18 所示。

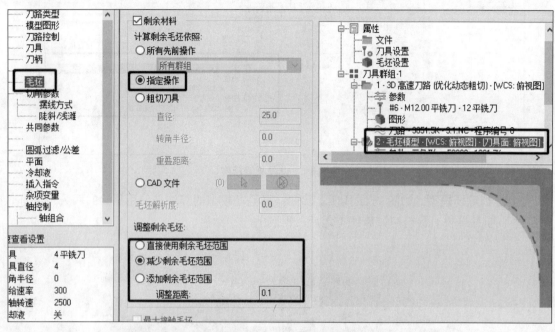

图9-18 选择毛坯模型

6）设置切削参数：这个区域粗切类似传统刀路里的挖槽，属于层切，不是侧铣摆线加工，所以切深不能太大，这里给10%的刀具直径（"深度分层切削"为0.4），XY步进量默认设置45.0，如图9-19所示。

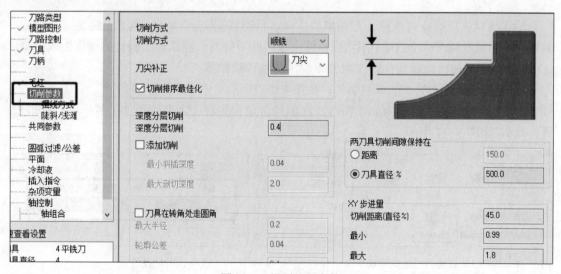

图9-19 设置切削参数

7）设置深度：在"陡斜/浅滩"里捕捉工件圆弧槽的最高点和最低点，如图9-20所示。

8）生成底部流道槽刀路，如图9-21所示。

图 9-20　设置深度

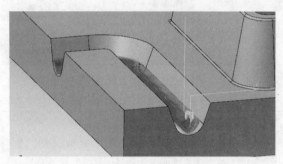

图 9-21　生成流道槽刀路

以上就是如何用毛坯模型配合高速区域粗切编写二粗刀路的步骤。槽底部加工完毕后还会有 4mm 宽的余量，有需要的话可用球刀再进行三粗，读者可以参考之前传统刀路编程的曲面粗切挖槽，通过范围和深度的限制来编写。

9.3　高速等高编程设置

粗加工做完后就是二粗和精加工，看图形可以用等高来编写二粗或者精加工程序。编程的深度是从最高点的 0 位到第 2 个平台，如图 9-22 所示。

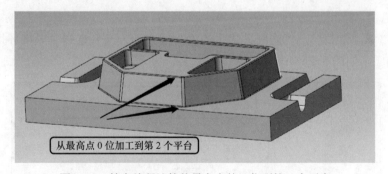

图 9-22　等高编程计算从最高点的 0 位到第 2 个平台

编写等高精加工程序，具体操作步骤如下：

1）依次选择"铣床刀路"—"3D 高速刀路"—"等高"，如图 9-23 所示。

2）选择所有的图，不设置余量（直接当成精加工编程）。

3）"切削范围"勾选"包括轮廓边界"，刀具是圆鼻刀，选择接触模式，如图 9-24 所示。

图 9-23　选择"等高"

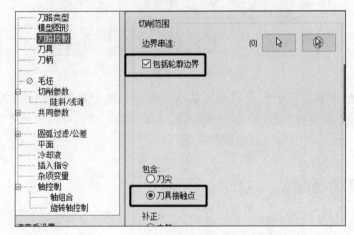

图 9-24　刀路控制设置

4）刀具选择 ϕ8mm 圆鼻刀。

5）单击"切削参数"，"切削方式"的"封闭外形方向"选择"顺铣环切"，顺铣环切就是螺旋加工，如图 9-25 所示。

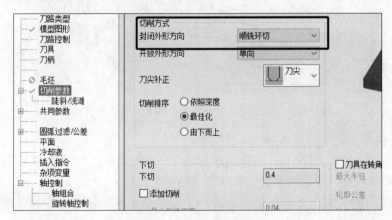

图 9-25　选择"顺铣环切"

6）设置"陡斜 / 浅滩"下的最高点和最低点位置，如图 9-26 所示。

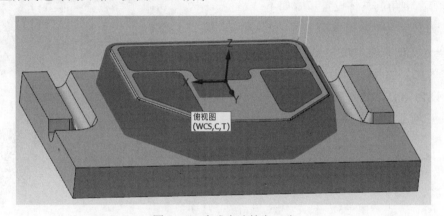

图 9-26　设置加工深度

7）生成高速等高刀路，如图 9-27 所示。

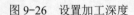

图 9-27　生成高速等高刀路

放大看刀路的切入切出是明显的垂直和相切的切入 / 切出，如图 9-28 所示。

圆弧进 / 退刀是默认开启的，如果需要调整切入 / 切出的圆弧大小或者距离，可以在"共同参数"里设置，如图 9-29 所示。

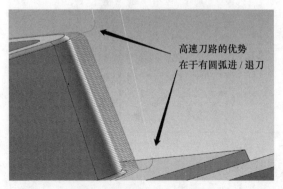

图 9-28　刀路的切入 / 切出

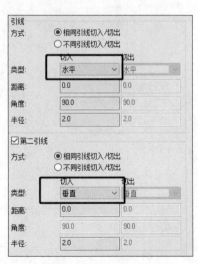

图 9-29　设置切入 / 切出

刀路是先从上下刀向下一个垂直的圆弧，然后是一个水平的圆弧，分别代表图 9-29 的第二引线和第一引线。一般生成刀路是不需要第二引线的垂直圆弧的。读者可以复制这个刀路，通过修改数值，观察刀路的区别，从而深入了解功能。

9.4 高速等高倒角、模型倒角设置

很多读者对高速等高倒角的功能很感兴趣，这里做个讲解。众所周知，等高刀路就是针对陡峭的面生成刀路，倒角也属于等高加工的范畴。如图 9-30 所示，图形有很多个边界，需要倒角。

高速等高倒角的具体设置步骤如下：

1）在刀具工具栏单击鼠标右键，依次单击"铣床刀路"—"3D 高速刀路"—"等高"，选择所有图形作为加工图形。"模型图形"里的"壁边预留量"设为 –0.3，如图 9-31 所示。

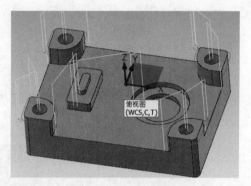

图 9-30　等高加工倒角

图 9-31　设置"壁边预留量"为 –0.3

2）刀路控制按默认设置（什么都不要选）。

3）选择 ϕ8mm 倒角刀，倒角刀"刀齿长度"设为 4，如图 9-32 所示。

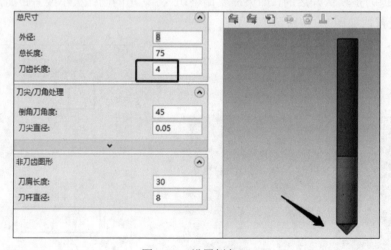

图 9-32　设置倒角刀

4）刀柄设置为修剪刀路，如图 9-33 所示。

5）设置"切削参数"的"封闭外形方向"为"顺铣"，"下切"为 3，如图 9-34 所示。

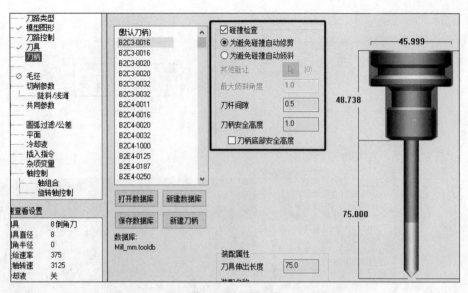

图 9-33　设置刀柄

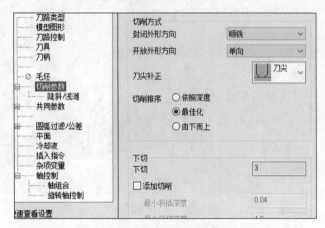

图 9-34　设置切削参数

生成的刀路如图 9-30 所示。它的计算原理是刀具切削刃设置的是 4mm,切削的步距是 3mm,侧边没有刃口,直接通过刀柄的碰撞检查修剪掉其他刀路,从而得到等高倒角刀路。

这样的图形除了等高可以做倒角外,还有 2D 外形做倒角以及模型倒角。模型倒角的具体设置步骤如下:

1)在刀路工具栏单击鼠标右键,依次单击"铣床刀路"—"模型倒角",如图 9-35 所示。

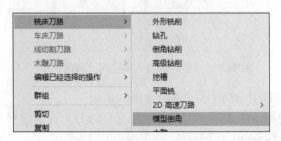

图 9-35　选择"模型倒角"

2）选择"串连图形"，如图 9-36 所示。

图 9-36　选择"串连图形"

3）选择加工面，如图 9-37 所示。

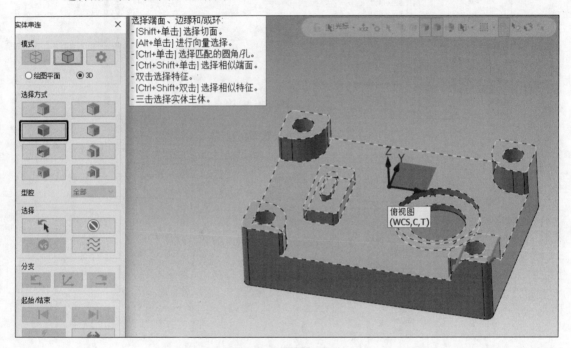

图 9-37　选择加工面

4）"切削参数"设置"倒角宽度"为 0.30，"底部偏移"为 2.0，如图 9-38 所示。

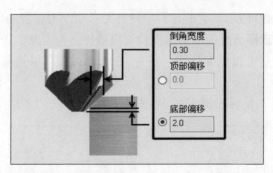

图 9-38　设置"倒角宽度"和"底部偏移"

5）进 / 退刀设置如图 9-39 所示，其他全部默认。

有时软件会出现问题，生成不了刀路，这时选择边界可分开选择，一个面一个面编程。例如单独选择底面，如图 9-40 所示。

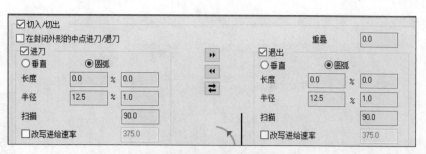

图 9-39　进 / 退刀设置

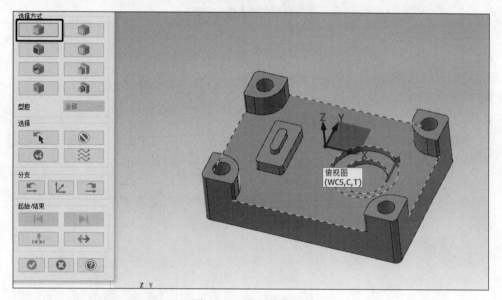

图 9-40　单独选择边界

6）生成模型倒角刀路，如图 9-41 所示。

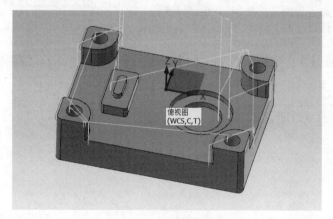

图 9-41　2 个模型倒角刀路

9.5　3D 高速平行刀路设置

3D 高速平行设置和传统平行设置几乎是一样的，优势只是比传统等高多了圆弧切入和切出，其余都差不多。编写图 9-42 所示高速平行刀路的具体步骤如下：

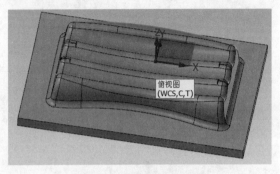

图 9-42　高速平行刀路

1）选择所有图形为加工图形，余量设为 0。

2）选择范围勾选"包括轮廓边界"。

3）选择 ϕ6mm 球刀作为加工刀具。

4）参数设置"加工角度"为 45.0、"切削间距"为 0.3（步距），如图 9-43 所示。

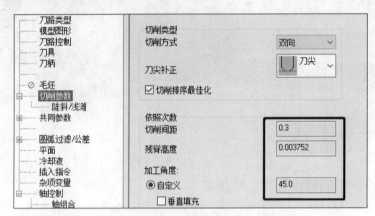

图 9-43　切削参数的设置

5）陡斜 / 浅滩设置：捕捉最低加工位置，然后往上 +0.05mm，保证底部不生成刀路，如图 9-44 所示。

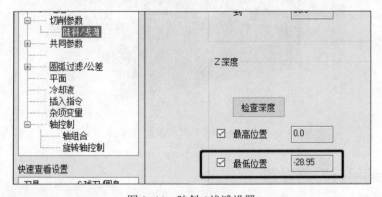

图 9-44　陡斜 / 浅滩设置

6）共同参数设置"切入 / 切出"的进 / 退刀，如图 9-45 所示（此处"第二引线"可以不勾选）。

7）圆弧过滤公差打开，生成刀路，如图 9-46 所示。

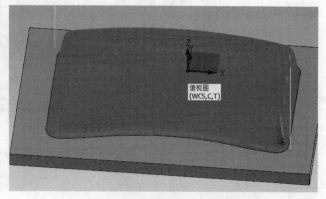

图 9-45　设置切入 / 切出　　　　　　　　图 9-46　高速平行刀路

放大看，刀路有圆弧进 / 退刀，但是很稀疏，如图 9-47 所示。解决方式和传统平行一样，圈定一个范围限制，然后生成 −45°刀路进行互补。请各位读者当作课后作业练习一下。

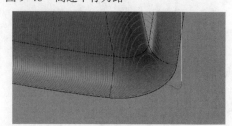

图 9-47　放大看刀路

9.6　3D 高速等距环绕设置

环绕刀路在精加工的编程方法里有三种，分为曲面精修环绕、3D 高速环绕和 3D 高速等距环绕。3D 高速环绕生成的刀路比曲面精修环绕多个进 / 退刀。3D 高速环绕和 3D 高速等距环绕的区别在 3D 高速等距环绕有"平滑"的选项，"平滑"开启更有利于保证工件表面质量。

下面介绍 3D 高速等距环绕。在编程之前，需要编写工艺，图形的底面是平面，平面只需要用水平区域或者挖槽加工，所以不需要用球刀做环绕，这里需要将曲面的边界线提取出来。生成程序的具体步骤如下：

1）单击"线框"—"边界轮廓"，如图 9-48 所示，选择要生成刀路的曲面。

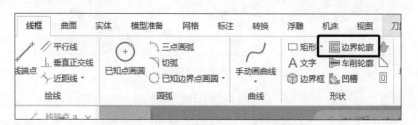

图 9-48　单击"线框"—"边界轮廓"

2）选择面的方式：2D 状态、Z0，提取边界线，如图 9-49 所示。

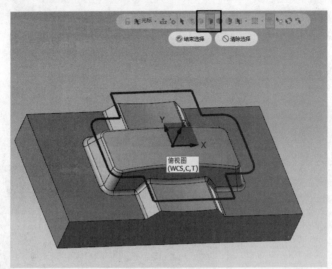

图 9-49　选择面并提取边界线

3）在刀路工具栏单击鼠标右键，依次单击"铣床刀路"—"3D 高速刀路"—"等距环绕"，如图 9-50 所示。

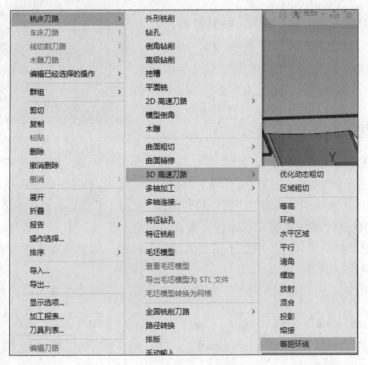

图 9-50　右击选择"等距环绕"

4）模型图形选择所有的图形，不能只选择中间的曲面，因为不够彻底，余量设为 0。

5）"刀路控制"选择"边界串连"，串连图 9-50 所示的线框，范围被限制了，所以选择所有图形没影响，如图 9-51 所示。

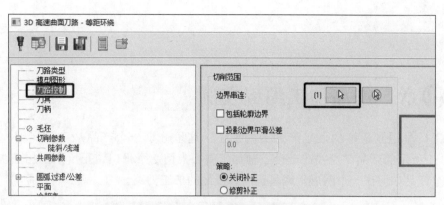

图 9-51 刀路控制设置

6）刀具选择 φ6mm 球刀。

7）切削参数设置顺时针环切和平滑，如图 9-52 所示。

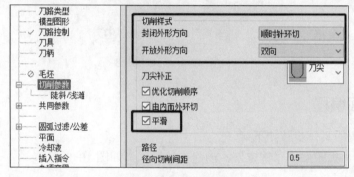

图 9-52 设置切削参数

8）其余参数默认，圆弧过滤公差打开，生成刀路，如图 9-53 所示。

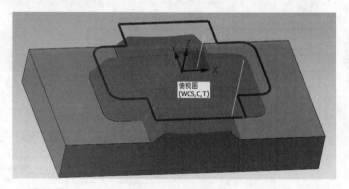

图 9-53 生成刀路

等距环绕和环绕看起来差不多，但放大看，可以看到等距环绕的刀路与刀路之间有圆弧拐角，机床运行起来更加顺畅。这个功能通过图 9-52 所示的"平滑"实现，勾选"平滑"后刀路会很顺滑。

总而言之，类似这种平坦的图形，不想用平行编程的话，可以考虑 3D 高速等距环绕，尤其是这种对称的图形，环绕就不需要用了。

221

第❿章 产品加工编程实例

　　工厂里遇到最多的还是产品类的加工，这里分享一个产品从头到尾编程的步骤。如图 10-1 所示的产品，需要在一台三轴加工中心上用 2 个平口钳正反两面加工。本章主要讲解一个产品如何在一个图形里编写正面和反面的加工刀路。

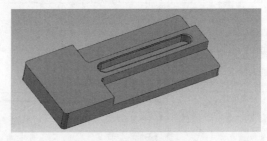

图 10-1　三轴编程实例

10.1　正面编程

正面编程的具体步骤如下：

1）单击"机床"—"铣床"，创建三轴机床，如图 10-2 所示。

图 10-2　创建三轴机床

2）单击"线框"—"边界框"，在 2D 模式下创建边界，如图 10-3 所示。

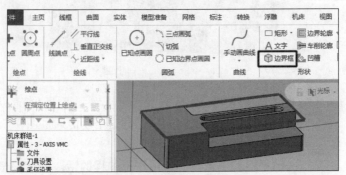

图 10-3　在 2D 模式下创建边界

3）单击"转换"—"移动到原点"，在 3D 模式下捕捉左下和右上的点，寻找到中心点，然后单击"移动"。现在工件的位置就是中心点在（X0，Y0）上，Z0 在表面，如图 10-4 所示。

4）这个图形的精尺寸长、宽、高分别是 138mm×66mm×30mm，假设毛坯是 140.0mm×70.0mm×35.0mm。单击"毛坯设置"，设置毛坯长、宽、高和 Z 点位置 0.5，即可以有 4mm 的夹持位，表面又有 0.5mm 的余量，如图 10-5 所示。

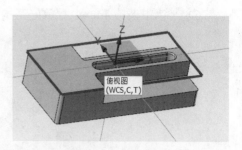

图 10-4　工件移动到原点

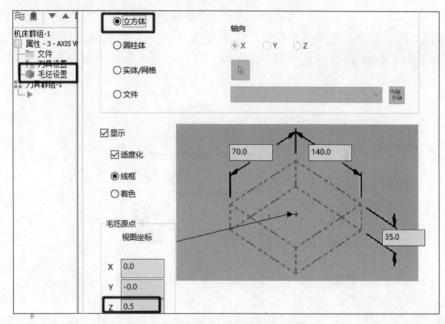

图 10-5　设置毛坯

5）绘制切削范围：单击"线框"—"圆角矩形"，输入长 140、宽 70，该范围就是实际上厂里下料的毛坯的大小，如图 10-6 所示。

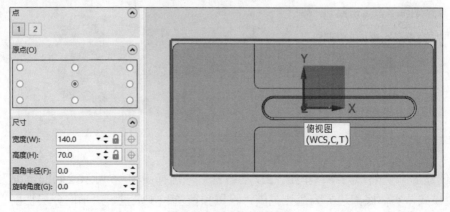

图 10-6　绘制切削范围

223

6）平口钳夹持 4mm，摆放好基本上是图 10-7 所示的样子。

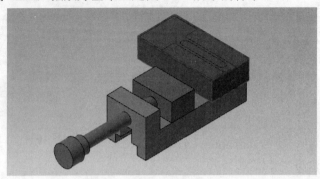

图 10-7　平口钳夹持 4mm

7）创建平面铣刀路：单击"平面铣"，选择图 10-6 所示绘制的边界线，选择 $\phi100mm$ 立铣刀，设置加工深度为绝对 0，"切削方式"为"一刀式"，不留余量，生成刀路，如图 10-8 所示。

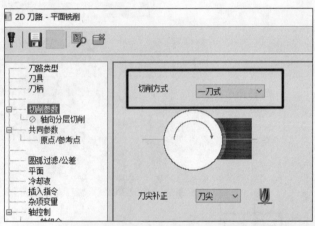

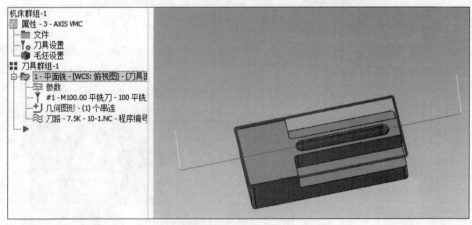

图 10-8　创建平面铣刀路

8）创建动态铣外形刀路：单击"2D 动态铣"，选择图 10-6 所示绘制的范围为加工范围，开放模式，实体底部边界为避让范围，设置预留量和步进量，"轴向分层切削"的"最大粗切步进量"设为 16.0（总厚度为 30mm，分两刀加工），如图 10-9 所示。

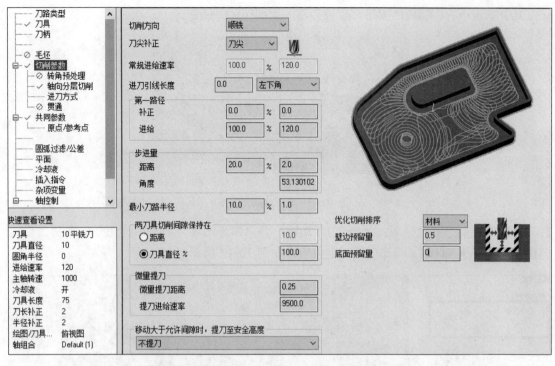

图 10-9　设置动态铣切削参数

9）设置动态铣共同参数："深度 ..."设置为 −30.5，过底部 0.5mm，如图 10-10 所示。为了不让翻身加工有毛刺，如果毛坯厚度足够，可以加工至 −31mm。

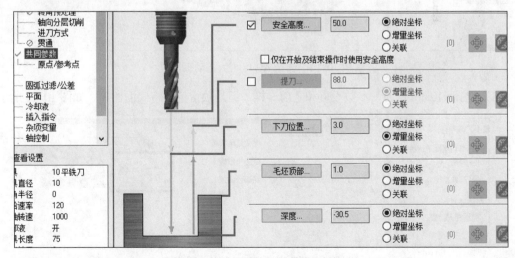

图 10-10　设置动态铣共同参数

10）单击下方 ✅ 确定按钮，生成刀路，如图 10-11 所示。

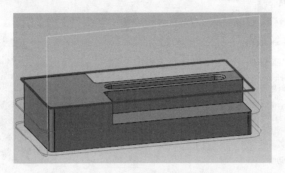

图 10-11　外形的动态刀路

11）编写两个开放区域：选择"2D 动态"，"串连选项"的"串连图形"选择"自动范围"，选择 AB 区域，单击 ✅ 确定按钮，如图 10-12 所示。

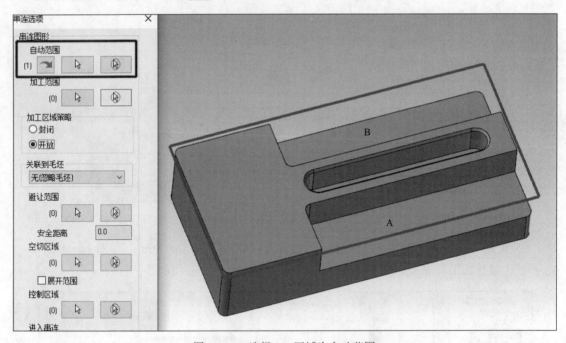

图 10-12　选择 AB 区域为自动范围

12）选择 φ10mm 铣刀，参数设置和之前一样，但是预留量要将底面留出，如图 10-13 所示。

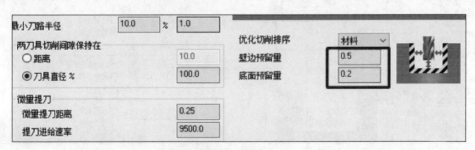

图 10-13　壁边和底面均设置预留量（也可以都是 0.5mm）

13）设置共同参数："深度 …"设为增量 0.0，因为选择自动范围的时候选择的是底面边界，所以这里设置增量为 0.0 是没问题的，如图 10-14 所示，各位读者也可以设置成绝对 -15。

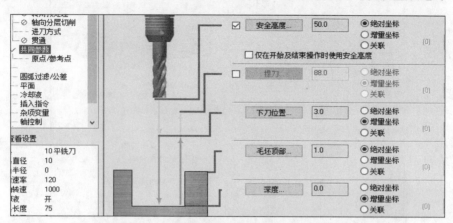

图 10-14　设置共同参数

14）单击下方 ☑ 确定按钮，生成刀路，如图 10-15 所示。

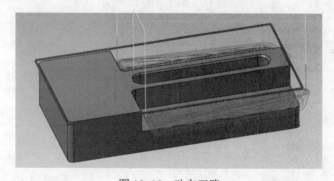

图 10-15　动态刀路

15）加工中间的槽：单击 "2D 外形"，串连槽底部边界，注意串连方向，如图 10-16 所示。

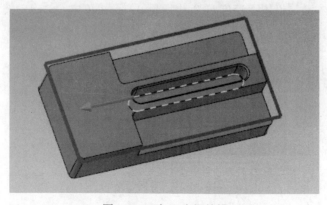

图 10-16　加工中间的槽

16）选择 ϕ6mm 铣刀，设置 "外形铣削方式" 为 "斜插"，"壁边预留量" 为 0.5，如图 10-17 所示。

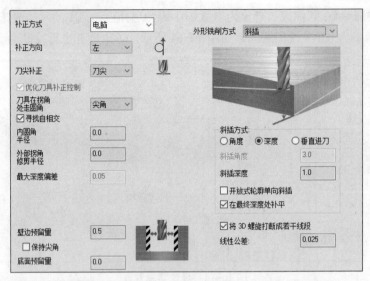

图 10-17　设置"外形铣削方式"为"斜插"，"壁边预留量"为 0.5

17）进 / 退刀设置"长度"均为 1.0，如图 10-18 所示。

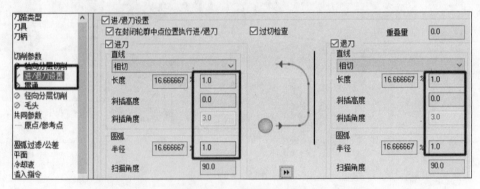

图 10-18　设置进 / 退刀

18）设置共同参数：设置"深度 …"为增量 0，单击下方 ![按钮] 确定按钮，生成刀路，如图 10-19 所示。

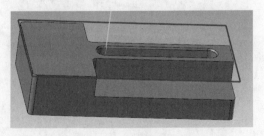

图 10-19　斜插刀路

19）粗加工结束后一般做倒角，倒角完成后才精加工。图形上没有倒角的地方，我们倒个 0.3mm 去毛刺（也可以为 0.5mm，看客户需求，一般图样上会标注为主倒角 ×××）。编写 2D 外形的倒角刀路：单击"2D 外形"，"外形铣削方式"设为"2D 倒角"，选择最上方边界，选择φ6mm 倒角刀，设置"倒角宽度"为 0.3、壁边和底面预留量均为 0.0，如图 10-20 所示。

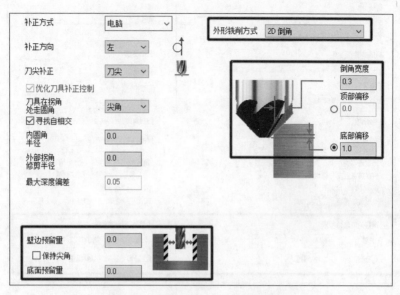

图 10-20 编写 2D 外形的倒角刀路

20）设置共同参数："深度…"也设为增量 0，生成刀路，如图 10-21 所示。

21）下部边界倒角可以使用模型倒角，也可以使用 2D 倒角。使用 2D 倒角需要设置进 / 退刀参数。选择"2D 外形"，串连方式选择外部开放边缘，单击下部实体表面，如图 10-22 所示。

22）选择φ6mm 倒角刀，进 / 退刀设置勾选"调整轮廓起始位置""调整轮廓结束位置"，缩短 3.5mm，让刀具与侧边避让开，如图 10-23 所示。

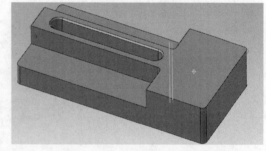

图 10-21 上表面边界倒角刀路

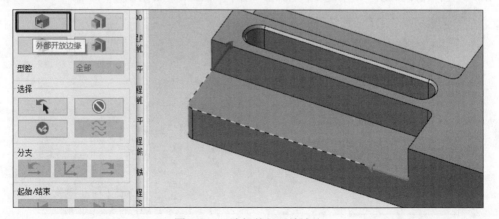

图 10-22 选择外部开放边缘

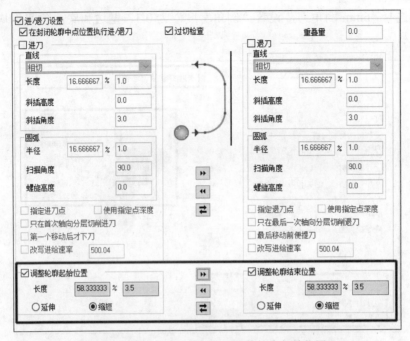

图 10-23　进 / 退刀设置勾选"调整轮廓起始位置"

23）共同参数设置"深度 …"为 0，生成刀路，如图 10-24 所示。

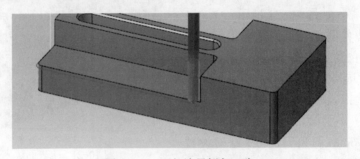

图 10-24　下部边界倒角刀路

24）单击"2D 外形"，串连中间槽上口边界，如图 10-25 所示。

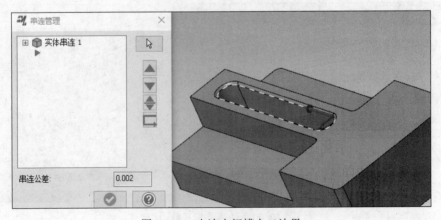

图 10-25　串连中间槽上口边界

25）选择 ϕ6mm 倒角刀，切削参数设置"外形铣削方式"为"2D 倒角"，"倒角宽度"为 0.0，"底部偏移"设为 1.0，共同参数设置加工深度为倒角的大小，如图 10-26 所示。

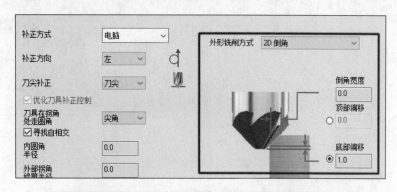

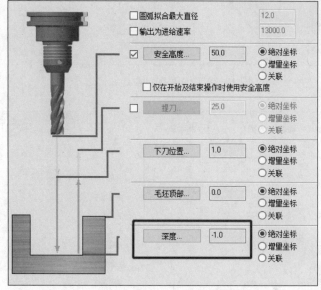

图 10-26　设置"倒角宽度"为 0.0

26）共同参数设置"深度 ..."为 0，圆弧进 / 退刀打开，生成刀路，倒角刀刃口刚好与图形吻合，如图 10-27 所示。

到此第 1 工序粗加工结束，精加工需要外形铣和开放式挖槽即可，具体步骤如下：

1）选择"2D 外形"，选择串连的时候用动态方式，把串连点往后稍微移一点，如图 10-28 所示。

图 10-27　倒角刀刃口刚好与图形吻合

2）选择 ϕ12mm 铣刀（直径为 12mm 的铣刀刃口长度超过 30mm，可以一刀切），不留侧边余量，进 / 退刀设置圆弧进刀和直线退刀，如图 10-29 所示。

3）共同参数设置"深度"为 −0.3（过底面），生成刀路，可以看到有一步圆弧切入，然后直线切出，这样可以保证产品的侧边没有接刀痕迹，如图 10-30 所示。

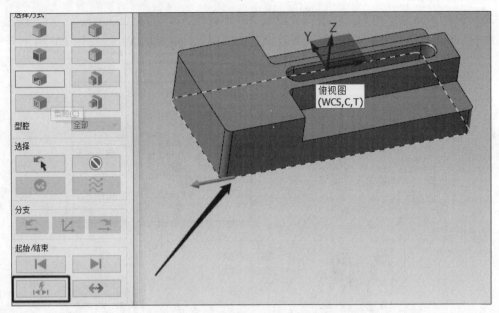

图 10-28　2D 外形，串连底部边界

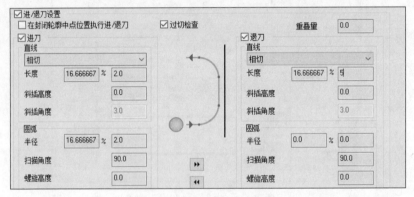

图 10-29　进 / 退刀设置

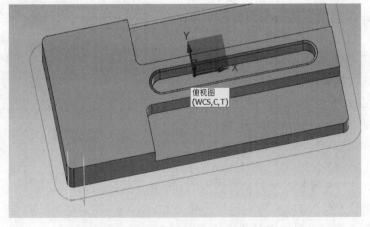

图 10-30　圆弧切入和直线切出刀路

4）绘制边界线：单击"2D 挖槽"，选择串连边界线，如图 10-31 所示。

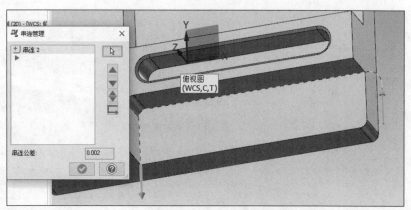

图 10-31　绘制边界线

5）选择 ϕ10mm 铣刀，侧壁留 0.2mm 余量，切削方式为开放，如图 10-32 所示。

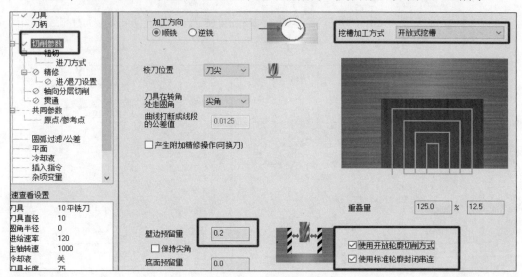

图 10-32　选择开放式挖槽

6）"切削间距（距离）"设为 5.5，如图 10-33 所示，共同参数设置"深度…"为增量 0.0。

7）单击 ✔ 按钮，生成刀路，如图 10-34 所示。

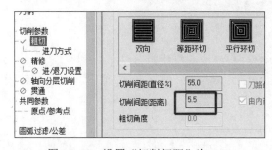

图 10-33　设置"切削间距"为 5.5

图 10-34　开放式挖槽刀路

8）单击"2D 外形"，串连侧边，如图 10-35 所示。

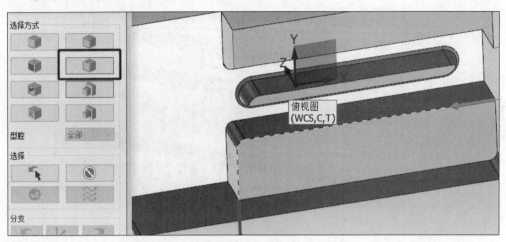

图 10-35　串连侧边

9）由于根部 R 是 3mm，所以这里选择 ϕ5mm 铣刀，设置进 / 退刀为直线 3.0，如图 10-36 所示。

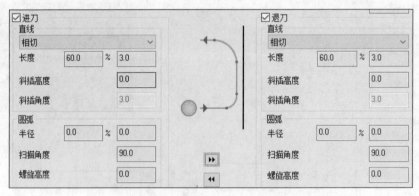

图 10-36　设置进 / 退刀为直线 3.0

10）共同参数设置"深度 ..."为增量 0，生成刀路，如图 10-37 所示。

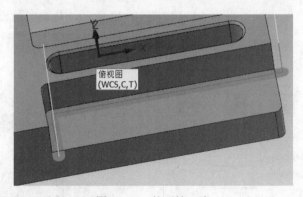

图 10-37　外形铣刀路

将所有刀路旋转好，然后进行实体模拟，如图 10-38 所示。

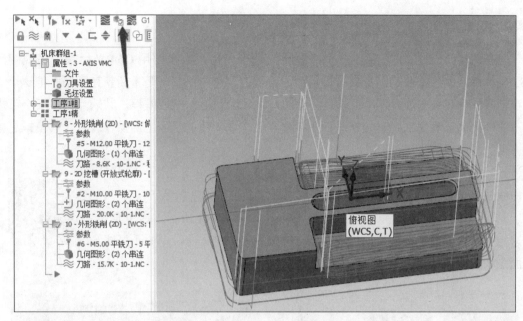

图 10-38　实体模拟

模拟完毕，没有发现过切，如图 10-39 所示。

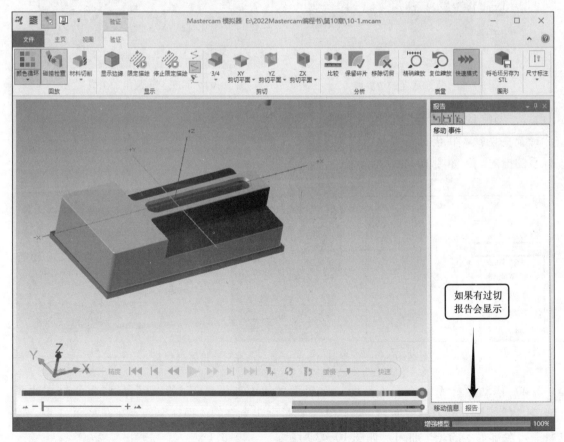

图 10-39　模拟完毕

10.2 反面编程

一般这类产品在加工中心上面都是装两个平口钳，俯视图用 G54 坐标系，底视图用 G55 坐标系。接下来我们翻身夹持做反面。编程有两个方法，一是重新新建图档，把这个工件在前视图方向旋转 180°，也就是翻个面，将底面朝上，然后编程，其缺点是需要全部模拟不方便；另一种方法是直接在平面里新建平面，在新建的平面上面操作编程，其模拟起来更方便。具体步骤如下：

1）通过鼠标中键滑动，将工件旋转至底面朝上，单击线框，选择所有曲线边缘，使用 3D 模式将边界线提取出来，如图 10-40 所示。

2）将边界线的左上角圆角加工成直角，如图 10-41 所示。这个角是用来定位做反面的。反面如果也和正面一样使用分中的方法，中心不好找。反面定在一个角落上，用平口钳夹持，中心点好找。

图 10-40　提取底面的边界线

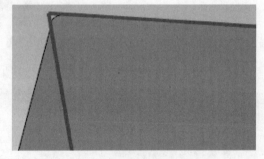

图 10-41　将左上角圆角加工成直角

3）创建 G55 工作平面：单击"平面"，选择"依照实体面 …"定面，选择反面表面。选择箭头切换，将坐标系调整为 X 朝右边、Y 朝里面、Z 朝上（这就是三轴加工中心的坐标系的指向），如图 10-42 所示。

图 10-42　定平面为反面表面，选择平面设置坐标系

4）移动坐标系：单击"平面 -1"后面的"WCS""C"和"T"，这 3 个分别代表 WCS、绘图平面和刀具平面。一般这 3 个都是同步点亮的，现在全部点亮在平面 -1 上，保证下方全部显示的是平面 -1，如图 10-43 所示。

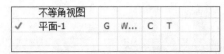

图 10-43 选择加工面绘图面都是平面 -1

5）右击"平面 -1"，选择"编辑"，如图 10-44 所示。

6）单击坐标系中心点，移动鼠标到左上角，如图 10-45 所示。

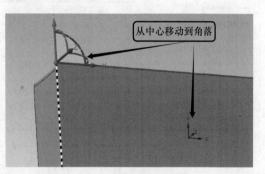

图 10-44 右击选择"编辑" 　图 10-45 移动坐标系到左上角

7）移动好之后，用平口钳夹持工件，需要尽可能地将工件多夹持，这样加工更加稳定，如图 10-46 所示。

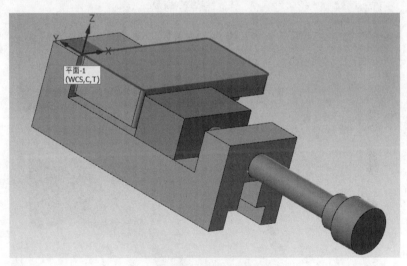

图 10-46 尽可能多夹持

8）新建刀路群组为工序 2，在平面 -1 视图方向编写铣面程序。还是用之前俯视图加工用的 ϕ100mm 平铣刀，保证总厚度即可。由于反面加工使用的是第 1 工序加工的料，所以有夹持位需要去除，这里得生成分层切削的刀路。如图 10-47 所示。

9）用之前的 ϕ6mm 倒角刀对加工到位的平面四周进行倒角编程，也是全部视图为平面 -1，生成刀路，如图 10-48 所示。

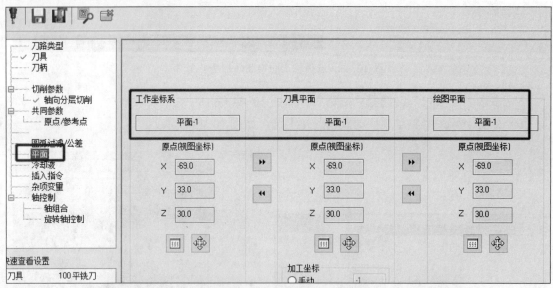

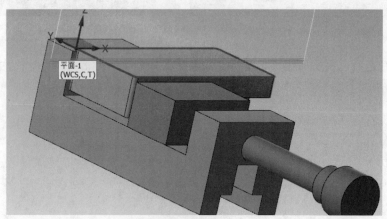

图 10-47 选择坐标系和平面均为平面 -1，Z 轴分层刀路

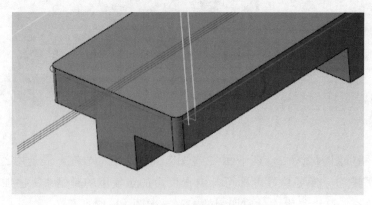

图 10-48 倒角刀路

10）生成的第 1 工序刀路结果为毛坯模型。单击"毛坯模型"—"毛坯设置"，"名称"输入 1，生成毛坯模型，如图 10-49 所示。

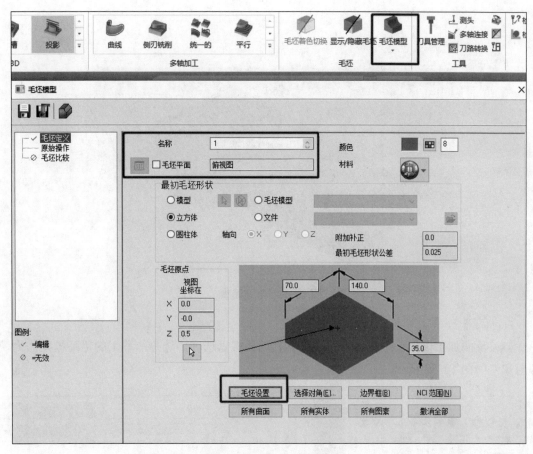

图 10-49　生成毛坯模型

　　选择工序 1 粗和工序 1 精所有刀路作为毛坯模型的原始刀路，如图 10-50 所示。生成的毛坯模型如图 10-51 所示。

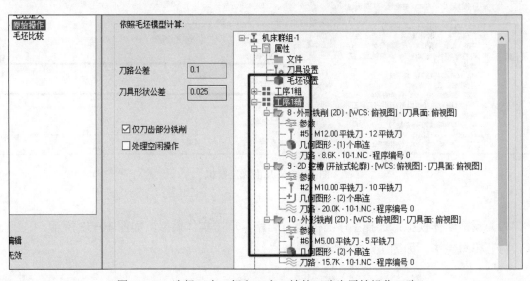

图 10-50　选择工序 1 粗和工序 1 精的刀路为原始操作刀路

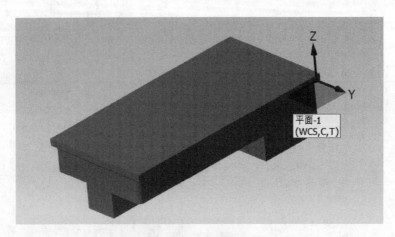

图 10-51　毛坯模型

11）反面加工模拟：单击"刀路"工具栏的模拟器选项，选择名称 1 的毛坯模型作为模拟对象，如图 10-52 所示。

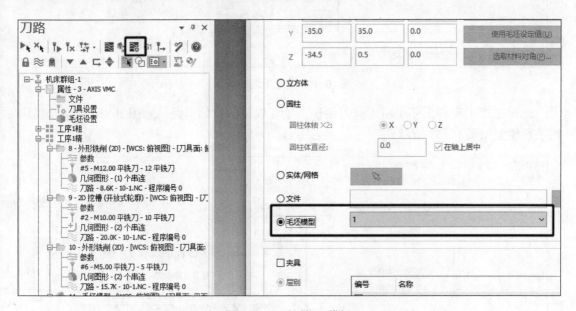

图 10-52　反面加工模拟

12）反面实体模拟：选择工序 2 的所有刀路，单击实体模拟，如图 10-53 所示。

13）模拟完毕，如图 10-54 所示。

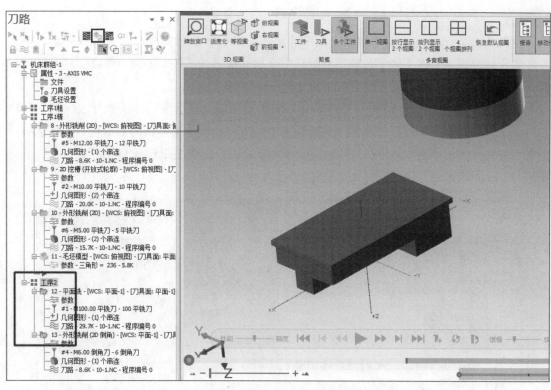

图 10-53 反面实体模拟

图 10-54 实体模拟结束

到此为止，已经将该工件的第 1 工序和第 2 工序全部编写完成，并且模拟完毕。下面我们输出后处理就可以上机了。输出后处理需要操作成第 1 工序是 G54，第 2 工序是 G55。具体方法如下：

1）工序 1 粗和工序 1 精的后处理单击"G1"就可以，直接按住键盘 <CTRL> 键 + 鼠标左键单击，刀路群组可以全部选择（三轴加工中心可以直接使用默认的后处理）。"选择后处理"按钮如果是灰色，可同时按键盘上 <CTRL+ALT+SHIFT+P>4 个键激活。如图 10-55 所示。

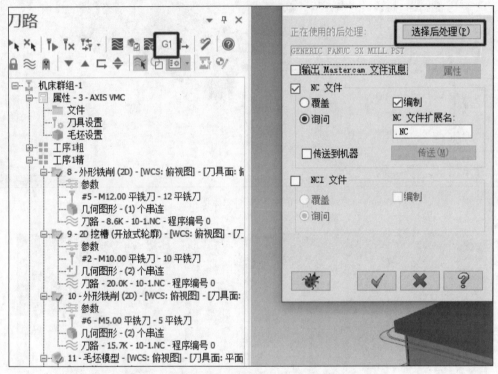

图 10-55　选择"刀路"，单击"G1"—"选择后处理"

这时，生成的后处理全部都是 G54 坐标系（默认的就是 G54）。下面将第 2 工序刀路设置成 G55 坐标系。

2）右击工序 2 刀路群组，单击"编辑已经选择的操作"—"加工坐标重新编号…"，将"起始加工坐标编号"设为 1，如图 10-56 所示，默认是 0，0 代表 G54，1 代表 G55，2 代表 G56，依此类推。

3）单击"G1"生成程序，生成的程序就是 G55 坐标系，如图 10-57 所示。

这样就可以在一台加工中心上装 2 个平口钳分别使用 G54 和 G55 两个坐标系加工，直接生产出成品。

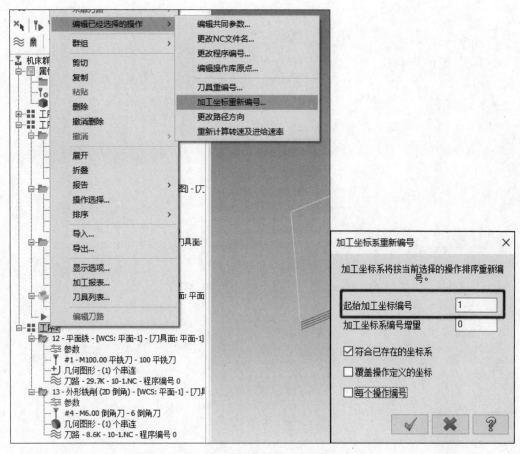

图 10-56　设置加工坐标系 G55

```
G21
G0 G17 G40 G49 G80 G90
N100 T1 M6
G0 G90 G55 X-55. Y-33. S100 M3
G43 H1 Z50. M8
Z6.
G1 Z3. F600.
X193. F12.
G0 Z50.
X-55.
```

图 10-57　坐标系为 G55